新型微纳传感器前沿技术丛书

总主编 桑胜波

新型 AuNP－PDMS 复合薄膜的
合成技术及其生物传感应用

赵 冬 著

西安电子科技大学出版社

内 容 简 介

本书选择了作者参与的国家自然科学基金项目所支持的几个技术主题，系统介绍了新型 AuNP－PDMS 复合薄膜合成技术及其生物传感研究、表面应力生物传感器的设计、传感机理以及分析技术等在新型微纳传感方面的研究成果。书中首先介绍了原位可控和两步还原的新型 AuNP－PDMS 复合薄膜合成技术，在此基础上分别介绍了三明治型和栅格型 AuNP－PDMS 复合薄膜的制备方法，最后基于表面应力生物传感器介绍了不同类型的新型 AuNP－PDMS 复合薄膜的生物传感特性。

本书适合传感科技领域的工作者以及相关专业高校师生学习、参考。

图书在版编目(CIP)数据

新型 AuNP－PDMS 复合薄膜的合成技术及其生物传感应用/赵冬著. —西安：西安电子科技大学出版社，2022.6(2022.9 重印)
ISBN 978－7－5606－6435－4

I. ①新… Ⅱ. ①赵… Ⅲ. ①复合薄膜－有机合成－研究 Ⅳ. ①TQ320.72

中国版本图书馆 CIP 数据核字(2022)第 072616 号

策　　划　张紫薇
责任编辑　张紫薇　李惠萍
出版发行　西安电子科技大学出版社(西安市太白南路 2 号)
电　　话　(029)88202421　88201467　　　　邮　编　710071
网　　址　www.xduph.com　　　　　　电子邮箱　xdupfxb001@163.com
经　　销　新华书店
印刷单位　陕西天意印务有限责任公司
版　　次　2022 年 6 月第 1 版　　　　　2022 年 9 月第 2 次印刷
开　　本　787 毫米×960 毫米　　1/16　　印张 10.75
字　　数　154 千字
印　　数　501～1500 册
定　　价　32.00 元
ISBN 978－7－5606－6435－4/TQ

XDUP　6737001－2
＊＊＊＊＊如有印装问题可调换＊＊＊＊＊

前 言
PREFACE

随着第四次工业革命的不断推进，科技发展进入全新时代，传感技术的发展也愈发势不可当。在传感领域中，新型生物传感技术是连接生物医学、信息科学和生命科学的重要手段。在新时代背景下，高效检测生物分子、细胞或细菌已成为新型生物传感技术发展的必然趋势。新型生物传感技术与信息技术相结合，逐渐发展为智能生物传感的数字工程，这一工程必将得到极大的发展，使 21 世纪成为一个生物经济的时代。

本书共七章。第一章综述了生物传感器和新型 AuNP - PDMS 复合薄膜的研究现状，初步介绍了 AuNP - PDMS 复合薄膜的制备方法、传感机理等背景资料。第二章主要介绍了 AuNP - PDMS 复合薄膜的原位还原可控合成技术、表征、制备原理、电学特性、导电机理及其应力、应变响应特性。第三章介绍了 AuNP - PDMS 复合薄膜的两步还原合成技术及其表征；第四章主要介绍了基于 AuNP - PDMS 复合薄膜物理吸附的表面应力生物传感器的制备方法、传感机理及其生物传感特性。第五章介绍了基于 AuNP - PDMS 复合薄膜的特异性表面应力生物传感应用；第六章主要介绍了三明治型 AuNP - PDMS 复合薄膜合成技术及其生物传感应用；第七章介绍了栅格型 AuNP - PDMS 复合薄膜合成技术及其生物传感应用。

本书结合作者自己的研究成果，对新型 AuNP - PDMS 复合薄膜及其生物传感应用进行了综述和现阶段成果介绍，包括表面应力生物传感器的设计、分析、测试、表征等方面的相关理论和技术。

在本书完成之际，衷心地感谢太原理工大学信息与计算机学院院长、微纳传感与人工智能感知山西重点实验室主任桑胜波教授对本书写作的全力支持；感谢作者所参与的国家自然科学基金项目的资助；同时也感谢书中所涉及的参考书籍、论文以及相关网站的作者们。

因作者学术水平具有一定的局限性，以及新型传感技术仍处于不断发展中，书中难免出现不妥之处，请广大读者不吝指正。

作　者
2022 年 3 月

目 录

CONTENTS

1

第一章 绪 论

1.1 引 言

  工业 4.0 时代到来，推动着各行各业都在积极推进设备的智能化升级改造，以应对第四次工业革命下的新挑战。在新一代信息技术的推动下，传感技术的发展成为产业智能化过程中的关键环节。其中，生物传感技术加速了现代生物技术的发展，形成了以传感技术为中心的新兴生物技术产业链。生物传感技术与信息技术相结合，并逐渐发展为智能生物传感的数字工程，这一工程必将在工业 4.0 时代得到极大的发展，并推动 21 世纪成为一个生物经济的时代。

  生物传感技术是生物医学、信息、物理、仿生、材料化学等多学科融合的高科技领域，技术的不断进步促使生物传感器推陈出新。由于生物传感器具有灵敏度高、体积小、选择性强、分析时间短、制备工艺简单等特点，已被广泛应用于智慧医疗、毒性检测、可穿戴设备、污染物监测、饮食健康等重要领域。由于人们物质生活和精神生活需求的持续提高，目前，生物传感器开始向无创、精确、便携式检测方向发展，并逐渐取代传统的生物测试技术。同时随着生物技术、微机电系统（Micro-Electro-Mechanical Systen，MEMS）技术和纳米技术的兴起，微纳生物传感技术也应运而生。生物传感器开始向智能化分析、集成化制备、便捷式操作方向发展，各种新型材料、制备技术和测试系统也随之涌现。

  近年来，以基于聚合物基纳米复合材料的表面应力生物传感器为代表的新型生物传感器已然成为生物传感领域的研究热点。表面应力生物传感器具有无标识、低噪音、高精度、易集成、易制备等优点，在医学研究、生物标志物检测等多领域中具有重要的应用前景。

1.2 生物传感器

随着科学技术的不断发展，促进了各种新型传感器的发展。由于新型传感器的出现，传统传感器的定义、分类、形态和应用也随之出现一定程度的改变，下面主要介绍新型传感器的相关内容。

1.2.1 生物传感器的定义及特性

新型生物传感器是一种将生物识别元件和物理化学感知元件（换能器）相结合而形成的测试设备，可准确分析目标生物分子、病毒、细胞或金属离子，也可感知生命活动过程中产生的各种生物信号及其作用机制。其中，生物识别元件是感知生物信号的核心，通过物理吸附或者化学结合的方法将生物敏感材料（包括特异性蛋白质、生物酶、核酸适体、细胞、细胞膜等生物分子）进行固定[9]，以达到特异性结合、分解或过滤目标分析物的目的；物理化学感知元件是一种换能器，包括表面应力感知装置、荧光探针、表面等离子共振器件、光热器件、电磁器件等，将生物识别过程中产生的生物信号转变成可直接探测的力学（包括应力、压力、重力、形变量等）、光学（包括折射率、光程差、光强等）、电学（包括电压、电阻、电容等）、热学（包括温度、辐射等）等信号；此外，生物传感系统还应包括计算机等装置，以便对捕获的微弱信号进行滤波、放大处理，最终将目标生物分子或细胞的浓度、种类等特性作为可直接分析的数据信息输出。新型生物传感器的组成与工作原理如图 1 – 1 所示。

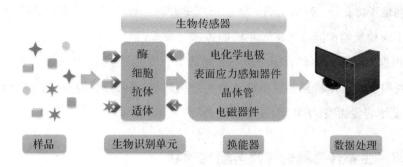

图 1-1 新型生物传感器的组成与工作原理

传统生物检测常采用酶分析法，该方法操作较为复杂，试剂成本较高，不适用于可穿戴设备的实时、便携式检测。而新型生物传感器具有很多特点：

（1）制备简单，可以降低使用成本；

（2）传感器表面易修饰，可对特定的生物分子进行高特异性识别；

（3）响应时间短、分析速度快，能完成实时监测；

（4）精度高、可靠性好，测试误差可小于 1%；

（5）新型生物传感器也可对复杂基质中的目标分析物直接检测，无需进行过滤或离心，具有智能化分析、简便化操作的特点。

1.2.2 生物传感器的分类

目标分析物与生物传感器之间不仅可以发生生物化学反应，还可以产生物理吸附作用，进而产生热信号、力信号、光信号或产生共振频率变化等信号。因此，不同性能的物理化学感知器件与不同种类的生物敏感材料相组合，可以使传感器的作用千差万别。

根据应用领域和敏感材料的差异，生物传感器可以被划分为组织生物传感器、病毒生物传感器、细胞生物传感器、DNA 生物传感器和抗原抗体生物传感器。

生物传感器的物理化学感知器件（换能器）种类繁多，有表面应力感知器件、晶体管（如场效应管、压电管等）、荧光标记物、磁致伸缩器件、光波导器件、同位素标记物、压容器件、液晶或气敏单元、光纤耦合器和表面等离子体等，不同种类的换能器对应着不同的传感器类型。

根据生物传感器与目标分析物之间的结合方式，可以把生物传感器分为两类：利用抗原抗体特异性识别设计的生物亲和型生物传感器与利用生物酶催化反应设计的代谢型（催化型）生物传感器[19]。

1.2.3　生物传感器的应用与研究现状

自 1962 年 Clark 和 Lyons 研发出葡萄糖酶电极以来[1]，生物传感技术不断发展，并逐渐趋于成熟，同时传感器的灵敏度、精确度、可靠性以及稳定性不断提升，生物传感技术已然成为发展生物科学不可替代的新技术、新方法。目前，生物传感器已经实现了分子水平的检测和微量级分析，在各个领域中的应用研究也日益增多。

1. 生物标记物的检测

生物传感技术可检测与疾病密切相关的生化指标，在临床诊断、疾病预防等应用中表现出广阔的前景。Gu 等人[2]将癌胚抗原抗体修饰于二茂铁衍生物的表面，构建出癌胚抗原（carcinoembryonic antigen，CEA）电化学生物传感器，可在人血清中准确检测 CEA，且检测极限可低至 0.01 ng/mL。Schartner 等人[3]开发了一种基于衰减全反射—傅里叶变换红外光谱（ATR‑FTIR）的生物传感器，利用目标蛋白与抗体结合可导致酰胺 I 带发生频移的原理，实现了对阿尔茨海默症的标记物 Tau 蛋白的定量检测。Li 等人[4]设计了基于导电聚合物水凝胶电极的生物传感平台，可快速检测人类代谢产物，如尿酸（0.07～1 mM）、胆固醇（0～0.39 mM）和甘油三酯（0～0.25 mM），可应用于肾病诊断。Chang 等人[5]研发了基于氧化石墨烯的荧光生物传感器，可用于检测活细胞和人尿中的谷胱甘肽 S 转移酶（GSTs），检测极限可达 2.1×10^{-10} mol/L，对帕金森综合征、乳腺癌等疾病的提前预防具有重要作用。虽然目前的生物传感器已经实现了一些生物标记物的检测，但是荧光标记物较为昂贵，检测成本需要进一步降低，而且该测试设备难以集成。

2. 食品安全检测

生物传感器可以有效检测食品的新鲜度、药物残留以及微生物含量以保障饮食安全，防止食品中毒事件危害人类健康。Wu 等人[6]将修饰有核酸适体的磁性纳米粒子（MNPs）作为富集元件，研制出了基于核酸适体的新型荧光生物传感器，可以有效检测食品上残留的氯霉素（CPA），检测范围为 $0.01\sim1$ ng/mL，检测极限可低至 0.01 ng/mL。Guo 等人[7]使用脱氧核酸酶（DNAzyme）修饰电极，制备了电化学生物传感器，通过滚环扩增技术（Rolling Circle Amplification，RCA），可以有效检测牛奶中的大肠杆菌（*E. Coli*）的浓度，检测极限为 8 CFU/mL（Colony Forming Unit，CFU，菌落形成单位）。Horikawa 等人[8]研发出具有噬菌体涂层的磁弹性生物传感器，可快速、直接地对新鲜水果或蔬菜表面的病原体进行检测，将检测时间缩短至 $5\sim10$ 分钟。上述的生物传感器中，磁性纳米粒子和磁弹性材料作为生物传感器的识别单元，易受外界环境的干扰，测试的精确度和抗干扰能力还需进一步提高。

3. 环境监测

生物传感器可对污染物进行连续、准确、智能监测，对保护环境具有重要意义。Yamashita 等人[9]设计了一种具有开放式阳极的电化学生物传感器，在 $14\sim570$ mg/L 的浓度范围内，可原位监测自然水环境中的生化需氧量（Biochemical Oxygen Demand，BOD）。Zhang 等人[10]利用链霉亲和素修饰的基底，固定 DNAzyme，设计了可特异性检测重金属离子的生物传感器，在最佳条件下可检测到 1.0 pmol/L 的铅离子（Pb^+），在水质检测中具有重要作用。Yu 等人[11]开发了一种基于微生物燃料电池的生物传感器，可测定水环境中的 6 种重金属离子（Cu^{2+}、Hg^{2+}、Zn^{2+}、Cd^{2+}、Pb^{2+} 和 Cr^{3+}），其抑制率分别达到 12.56%、13.99%、8.81%、9.29%、5.59% 和 1.95%。Bidmanova 等人[12]利用卤代脂肪烃的酶促反应，开发了一种光生物传感器，用于检测水中的卤化污染物，可检测到 1,2-二氯乙烷、1,2,3-三氯丙烷和 γ-六氯环己烷。Eltzov 等人[13]将发光细菌固定于藻酸钙衬底中，设计了可用于实时监测空气质量的便携式生物传感器，在室内环境中可以探测到香烟、丙酮、油漆等分子。上述生物传感器实现了对水质和空气的初步检测，但是检测范围需要拓宽，传感器的制备方法需要进一步简化。

随着纳米技术、材料科学和 MEMS 技术的日益成熟，新型生物传感器迅速发展，并逐渐趋于集成化，使得传感器具有亚微米级尺寸，生物探针可达纳米级。生物传感器的灵敏度得到极大的提升，响应时间明显减少，检测极限显著降低，可实现目标分析物的单分子、高通量检测。表面应力生物传感器是近年来兴起的一种全新的生物传感技术，具备新型生物传感器的特点，同时表现出制备工艺简单、抗干扰能力强、无需标记等优点，在生物传感领域具有重要的研究价值。

1.3　表面应力生物传感器

表面应力生物传感器是一种将生物分子探测过程中产生的表面应力转换成可直接探测的物理信号的新型生物传感设备，可以满足高灵敏度、高可靠性、高特异性的生物测试要求，在临床检测、药物筛选中具有巨大的应用潜力，已经得到学术界广泛的关注和研究。

1.3.1　表面应力

表面应力是指物体发生形变时，物体表面单位面积所消耗的能量，可通过宏观特性反映物质表面微观分子或原子结构的改变。通常用公式 1‐1 计算表面应力的变化[14]。表面应力广泛存在于高分子聚合物的表面重构、各种固体与液体的界面混合过程以及固体表面自组织的形成中，在传感器的材料选择、表面修饰中具有重要的研究价值。

$$\tau = \frac{1}{l} \sum_v \left(f(v) - f_b(v) \right) \tag{1-1}$$

其中，τ 为表面应力，l 为切面与物体表面相交线的长度，$f(v)$ 为物体受力的总和，$f_b(v)$ 为施加在原子上的力的总和。

在表面应力生物传感系统中，分子吸附表面应力发挥关键作用，并具有两种产生机制。第一种机制是由围绕在传感器表面原子的电子云发生重新分布，引起原子间相互作用力的改变，进而产生表面应力。在此情况下，吸附物质和表面原子之间产生电子转移，形成稳定的化学吸附。由该机制产生的表面应力与吸附物质的表面覆盖率呈线性关系。第二种机制来自生物分子的物理吸附，通过生物分子之间的静电力、氢键、范德华力等相互作用力产生表面应力。在此情况下，当吸附物质的表面覆盖率未接近饱和时，表面应力与表面覆盖率呈线性关系；而当覆盖率接近饱和时，表面应力与表面覆盖率呈非线性关系。

在分子吸附过程中，表面应力会表现出拉应力或压应力两种形式，使薄膜发生不同的形变，如图 1-2 所示[15]。在传感器与目标分析物的化学吸附过程中，形成的化学键强度减弱，则产生拉应力；化学键的强度增强，则产生压应力。在传感器与目标分析物的物理吸附过程中，吸附分子或原子之间具有相互吸引力，则产生拉应力；吸附分子或原子之间具有相互排斥力，则产生压应力。目前，蛋白质构象改变、分子识别产生的表面应力已经被用于生物医学研究领域。

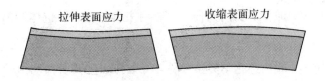

拉伸表面应力　　　　　　收缩表面应力

图 1-2　表面应力导致薄膜形变[15]

1.3.2　表面应力生物传感器的特点

表面应力生物传感器可以将生物信号通过表面应力转换成光信号、电信号等可以直接测量的物理量，进而实现目标分析物浓度的检测。这种生物传感器要求其物理化学感知器件对目标分子呈现惰性，并且在理想情况下，应该排除传感器敏感单元中非目标分析物的吸附，避免对检测结果产生干扰，保证生物检测的可靠性和准确性。在此基础上，表面应力生物传感器可以达到极高的分析精度，实现目标分析物的分子级检测，并有望在临床检测、环境污染、柔性可穿戴设备和智能医疗等领域中得到广泛应用。

传统的生物传感技术，例如微阵列传感系统、放射性元素标记法和酶电极测试法，需用放射性同位素、染色材料或比色酶对目标分析物进行各种标记，使分子的表面特性和自然活性发生改变，不利于样品的保存，并且标记过程繁琐冗长，限制了靶标的数量和类型，同时检测成本较高。表面应力生物传感器具有无标识特性，可通过测量电学信号或频率变化反映出生物分子或细胞的特性，测试方法便捷，并且表面应力生物传感器结构简单、灵敏度高、重复性能好，可实现传感器的集成化，在便携式生物传感器的设计应用中具有巨大的潜能。

1.3.3 表面应力生物传感器的结构与类型

表面应力生物传感器的组成与其他传感器一样，但在分类上稍有区别，具体如下：

1. 表面应力生物传感器的组成

（1）选择层，即分子识别元件，主要用来修饰抗原、抗体和酶等，通过识别或分解目标分析物，产生表面应力；

（2）传感层，即物理化学转换器件，将选择层上的表面应力转化成可以测量的物理信号。

2. 表面应力生物传感器的分类

从传感器结构上，表面应力生物传感器可分为悬臂梁式表面应力生物传感器和薄膜式表面应力生物传感器。

（1）悬臂梁式表面应力生物传感器。悬臂梁式表面生物传感器的敏感单元具有悬臂梁结构，测试过程中表面应力导致悬臂梁自由端向上或向下弯曲，如图 1－3 所示[16]。该类传感器在测试过程中，敏感单元需要浸入待测液中提取目标分析物，而非目标生物分子会通过非特异性吸附，附着在悬臂梁两侧，对传感器的测量结果造成干扰，不利于生物传感器在微量级生物检测中的应用。

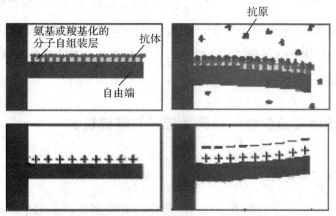

注："+"代表正电荷；"-"代表负电荷

图1-3 悬臂梁表面应力生物传感器示意图[16]

（2）薄膜式表面应力生物传感器。薄膜式表面应力生物传感器是以薄膜材料为分子识别单元，并被固定于带孔衬底上。表面应力会使薄膜发生"凸"形变或"凹"形变，如图1-4所示[17]。在检测过程中，样品被滴加于功能化后的薄膜表面，无须浸入待测样品液中，可以有效提高生物传感器的抗干扰性，使检测结果更加精确。

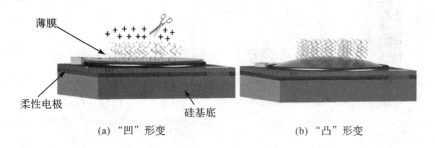

(a)"凹"形变   (b)"凸"形变

图1-4 薄膜式表面应力生物传感器示意图[17]

薄膜式表面应力生物传感器由于材料的不同，可分为刚性和柔性两种类型。对于前者，分子识别单元通常选用硅薄膜、二氧化硅薄膜等硬质材料，通过 MEMS 工艺实现传感器制备。然而在生物测试中，即使硬质薄膜材料的杨氏模量较小，表面应力对薄膜造成的形变也极其微弱，降低了传感器的灵敏度和精确度，不利于低通量、分子级的生物检测。柔性表面应力生物传感器使用聚二甲基硅氧烷（polydimethylsiloxame，PDMS）等柔性薄膜材料作为分子识别单元，具有良好的柔韧性，在微应力下形变更加明显，具有更高的灵敏度，检测极限也更低。

1.3.4　表面应力生物传感器的应用与研究现状

1. 检测重金属离子

Tsekenis 等人[17]利用 DNAzyme 修饰的硅薄膜作为识别单元，制备了电容式表面应力生物传感器，用于检测铅离子。铅离子可以使 DNAzyme 发生解离，产生表面应力，导致硅薄膜形变，电极之间的距离增加，电容变大。传感器对铅离子的动态响应如图 1-5 所示。且这种传感器可重复使用。

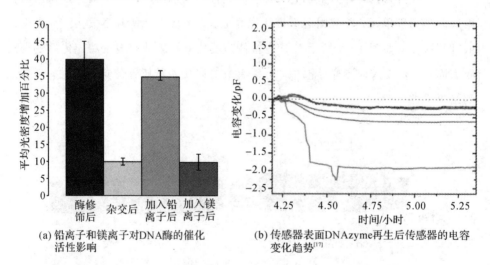

(a) 铅离子和镁离子对DNA酶的催化　　(b) 传感器表面DNAzyme再生后传感器的电容
　　　活性影响　　　　　　　　　　　　　　　变化趋势[17]

图 1-5　电容式表面应力生物传感器用于检测铅离子

2. 金黄色葡萄球菌的检测

Jian 等人[18]设计了一种基于 PDMS 薄膜的电容式表面应力生物传感器。

通过沉积金层作为电极，并用巯基十一烷酸（MUA）进行修饰，实现了细菌的检测。在检测过程中，金黄色葡萄球菌与 MUA 通过范德华力相互作用，并产生表面应力，导致 PDMS 薄膜产生凸形变，使电极之间的距离增加，电容变大。在 $0.5 \times 10^3 \sim 8 \times 10^3$ CFU/μL（CFU/μL 表示每微升溶液中所具有的菌落数）的浓度范围内，传感器的电容与细菌浓度具有线性关系，如图 1-6 所示，灵敏度可达 4.275×10^{-2} pF^{-1} CFU/mL。

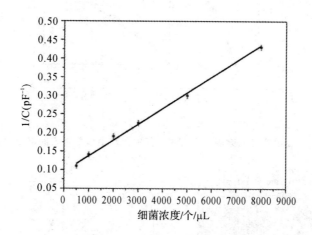

图 1-6 电容式表面应力生物传感器对细菌的响应结果[18]

3. 毒素的检测

Zhao 等人[19]利用生物素－链霉亲和素（Biotin-streptavidin）自组装层，设计了一种用于相思豆毒素（Abrin）检测的压阻式悬臂梁表面应力生物传感器。传感器可以特异性识别相思豆毒素分子，并产生表面应力，使悬臂梁弯曲，导致传感器电阻变大。传感器对相思豆毒素的线性检测范围为 0～25 ng/mL，如图 1-7 所示。

4. 气味的识别

Imamura 等人[20]使用四种不同类型的高亲和力受体材料，对表面应力生物传感器的纳米膜进行包覆，实现了对肉桂、牛至、欧芹、大蒜、肉豆蔻、迷迭香和柚子等七种物质不同气味的识别，如图 1-8(a)所示。图 1-8(b)是对传感器的主成分分析(Princtpal Component Analysis，PCA)，其中"PCI""PC2"是主成分分析的主元得分。

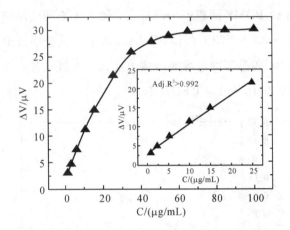

图 1－7   压阻式悬臂梁表面应力生物传感器对相思豆毒素的响应曲线[19]

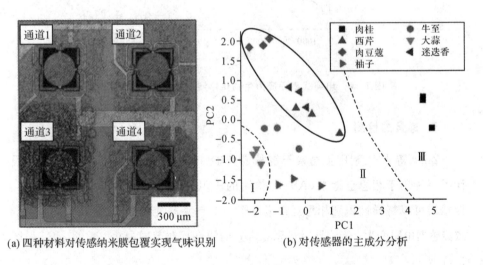

(a) 四种材料对传感纳米膜包覆实现气味识别   (b) 对传感器的主成分分析

图 1－8   用于气味识别的薄膜式表面应力传感器[20]

5. 其他分子检测

表面应力生物传感器不仅可对上述生物分子进行检测，还已经实现了对大肠杆菌、血红蛋白、牛血清蛋白、癌症标记物以及镉、铜、汞等重金属离子的检测。日本丰桥工业大学 K. Takahashi 教授等人[21]利用聚对二甲苯薄膜材料制备了表面应力生物传感器，并将其与光电二极管集成，可检测的最小表面应力为－1 μN/m；通过生物分子与氨基之间的静电耦合固定生物分子，实现了牛血清白蛋白（Bovine Serum Albumin，BSA）抗体的检测，如图1－9(a)所示。波兰华沙理工大学 I. Osica 教授等人[22]将金纳米簇与聚乙烯吡咯烷酮（PVP）的复合材料应用于薄膜式表面应力生物传感器，实现了甲醇、水蒸汽、丙酮、甲苯和醋酸等易挥发小分子的检测，并且传感器对不同的气体分子均表现出不同的特征响应曲线；利用主成分分析（PCA）可对化合物进行群体判别，如图1－9(b)所示。

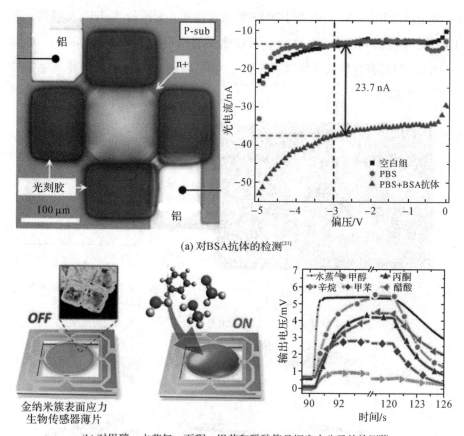

(a) 对BSA抗体的检测[21]

(b) 对甲醇、水蒸气、丙酮、甲苯和醋酸等易挥发小分子的检测[22]

图 1－9　表面应力生物传感器对其他生物分子的检测

　　虽然目前已经有多种表面应力生物传感器。但是悬臂梁式传感器的信噪比低，降低了传感器对生物分子检测的准确度。国际材料纳米结构中心（MANA）G. Yoshikawa 教授[23, 24]将硅薄膜与纳米金颗粒进行复合，制备表面应力生物传感器，并与悬臂梁式表面应力生物传感器进行性能对比，从理论和实验仿真上均证明薄膜式生物传感器的性能更为突出，如图 1-10 所示。薄膜式生物传感器的信噪比虽然有所提高，但是多采用硅薄膜等硬质材料作为分子识别单元，表面应力对薄膜引起的形变非常微小，不利于目标分析物的微量分析。Jian 等人设计了基于 PDMS 的柔性表面应力生物传感器，提高了传感器灵敏度。但金纳米颗粒（AuNPs）与 PDMS 的相容性差，沉积的 AuNPs 易脱落，影响了传感器的测试精度。生物分子识别单元的稳定性、灵敏度还需进一步提高。因此，制备高性能的柔性薄膜材料是表面应力生物传感器在高精度生物检测中应用的前提。

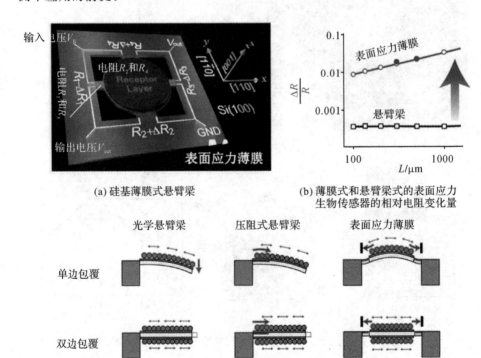

(a) 硅基薄膜式悬臂梁

(b) 薄膜式和悬臂梁式的表面应力
生物传感器的相对电阻变化量

(c) 薄膜式和悬臂梁式的表面应力生物传感器的结构对比

图 1-10　薄膜式与悬臂梁表面应力生物传感器的性能对比[23, 24]

1.4　AuNP－PDMS 复合薄膜

　　随着科学技术的发展，世界各行各业对传感器的要求逐渐趋向超微化、集成化、智能化方向。纳米材料和纳米技术也逐渐成为新材料领域的研究重点。聚合物基纳米材料是指通过纳米技术将高分子材料与纳米材料加工成的多相材料。这种复合材料具有协同效应，表现出的整体性能高于原单体材料，往往具有较高的导电性、生物相容性、力学性质。金纳米颗粒－聚二甲基硅氧烷（AuNP－PDMS）复合薄膜便是一种聚合物基纳米材料。

1.4.1　AuNP－PDMS 复合薄膜的合成材料及特点

1. 聚二甲基硅氧烷

　　聚二甲基硅氧烷（PDMS）是一种具有重复硅氧基团（Si—O）的聚合物，分子结构式如图 1－11 所示。这种分子结构使得 PDMS 具有较高的热稳定性和化学稳定性，适用于各种生物传感器。

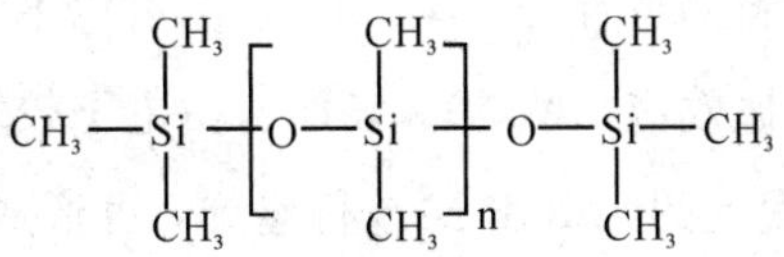

$$CH_3-Si\overset{\displaystyle CH_3}{\underset{\displaystyle CH_3}{|}}-O-Si\overset{\displaystyle CH_3}{\underset{\displaystyle CH_3}{|}}-O-Si\overset{\displaystyle CH_3}{\underset{\displaystyle CH_3}{|}}-CH_3$$

图 1－11　PDMS 的分子结构式

　　PDMS 还具有其他的物理性质，如表 1－1 所示。其中，PDMS 的杨氏模量可控，有利于提高 PDMS 的生物相容性，便于 PDMS 在细胞或组织培养中的应用。调控 PDMS 杨氏模量的方法通常有两种，一种是改变 PDMS 单体与固化剂的比例；另一种是添加填充物，如金纳米颗粒、碳纳米管、二维过度金属碳化物（Mxene）等纳米材料。在可见光范围内，PDMS 具有透明性，且可通过加入分子染料或纳米粒子调节透明度,使得 PDMS 适用于荧光生物传感系统。因此,将 PDMS 与纳米材料进行复合,进而改变 PDMS 的导电性、杨氏模量和透明度,可使 PDMS 更适用于生物传感应用,是研发高性能薄膜材料的重要方法之一。

表 1-1　PDMS 的相关性质(道康宁 184 胶,10:1 的 A 胶与 B 胶的比例)

性质	值
光学透明度	$240 \sim 1100$ nm
表面张力	$16 \sim 21$ mN/m
电导率	2.9×10^{14} cm
杨氏模量	4 MPa$\sim$1.5 GPa
导热系数	0.145 W/m·K

2. 金纳米颗粒

在众多纳米材料中,金属纳米材料具有着举足轻重的作用。金属纳米材料具有独特的结构与尺寸,表现出普通材料所不具备的特殊性质(如量子尺寸效应、表面效应、宏观量子隧道效应等),已经被广泛应用于医学诊疗、航空、国防、柔性穿戴器件等领域。近年来,金属纳米材料——金纳米颗粒 AuNPs 的制备技术日益成熟,已成为生物传感、药物传输和疾病诊断领域中的热门材料。除了常见的纳米材料的特性外,AuNPs 还具有以下特性:

(1)表面等离子共振效应。AuNPs 表面自由电子较多,可形成表面等离子体[103]。通过对特定基底上的 AuNP 层进行修饰,可形成多种不同类型的传感器。例如,将 AuNP 层固定于光纤玻璃衬底上,可制备基于局部表面等离子体共振的光纤传感器。因此,AuNPs 作为表面等离子体,在生物传感、生物识别、催化分解和生物合成中具有潜在的应用价值。

(2)共价修饰性。通常制备的 AuNPs 表面具有柠檬酸根、十六烷基三甲基溴化铵(CTAB)等基团,以防止 AuNPs 团聚。与 Au—S 键相比,这些基团与 AuNPs 之间的相互作用力相对较弱,可以被硫醇基团所替换。因此,利用这种特性,可在 AuNPs 表面修饰氨基基团或羧基基团,进而实现敏感材料或药物的固定，在生物医学领域中具有重要意义。

（3）非共价修饰性。由于表面自由能高，AuNPs 可以通过静电吸附或者疏水性吸附，与生物分子进行结合。通过非共价作用，可以实现 AuNPs 与生物标记物、核酸、药物分子以及病毒的结合，在生物分子分离提纯、载药研究、疾病治疗中具有不可替代的作用。

金纳米颗粒－聚二甲基硅氧烷（AuNP－PDMS）复合薄膜作为一种聚合物基纳米材料，是以 PDMS 为基体连续相、以 AuNPs 为分散相形成的复合材料。该复合材料表现出 PDMS 的弹性性能和 AuNPs 的表面等离子共振效应、共价修饰性和非共价修饰性，使两种材料特性得到互补。PDMS 通过 AuNPs 可以实现表面的功能化修饰，而 AuNPs 以 PDMS 作为基底可以形成柔性导电网络，两者之间表现出良好的协同效应，使得 AuNP－PDMS 复合材料在生物传感应用中具有重要价值。

1.4.2 AuNP－PDMS 复合薄膜的合成方法

近年来，由于 AuNP－PDMS 复合材料所表现出的独特性质，其制备方法也被广泛研究。原位还原法、两步组装法、两步还原法、物理混合法等制备方法不断涌现。不同制备方法使得到 AuNP－PDMS 复合材料的物理化学特性各不相同，可以被应用于各种不同的领域中，并且表现出了良好的特性。AuNP－PDMS 复合薄膜的具体制备方法如下：

1. 原位还原法

原位还原法是利用 PDMS 薄膜中残留的硅氢基团（Si－H），将氯金酸还原成 AuNPs 并组装在 PDMS 中来合成复合薄膜的方法。Dunklin 等人[25]利用原位还原法，将未完全固化的 PDMS 浸泡于氯金酸溶液中，以便还原生成 AuNPs，之后在 180 ℃温度下固化 15 分钟，形成了 AuNP－PDMS 复合薄膜。虽然这种方法制备的复合薄膜中 AuNPs 的浓度较高，但是其中的 AuNPs 易团聚成微米级粒子，并且分布不均匀。此外，复合薄膜表面不平整，不利于传感器的表面修饰，在生物传感应用中易造成测量误差，原位制备的复合薄膜扫描电子显微镜(SEM)图以及光学显微镜图如图 1-12 所示。

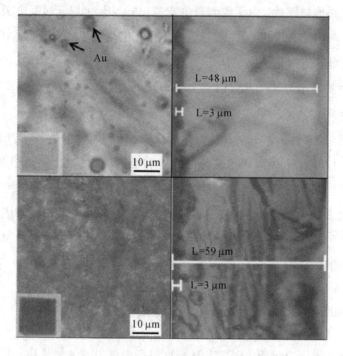

图 1-12   原位制备的复合薄膜 SEM 图以及光学显微镜图

Simona 等人[26]则基于两步原位还原法制备复合薄膜。这种方法首先将 PDMS 在 80 ℃下完全固化，之后将固化的 PDMS 氯金酸溶液中浸泡 96 小时完成第一步原位还原，然后再将 PDMS 浸泡于氯金酸中进行第二次还原，最终完成 AuNP－PDMS 复合薄膜的制备。这种方法制备的复合材料可通过第二步还原，调节聚合物表面 AuNPs 的生长，使得复合材料具有表面等离子共振效应。

通过将鸡卵白蛋白抗体(anti-OVA)修饰于 AuNPs 上，可实现鸡卵白蛋白(OVA)的特异性识别，并通过复合材料表面等离子共振效应的改变实现 OVA 的检测。两步原位还原法制备薄膜及其对 OVA 质感特性如图 1-13 所示。然而，此方法中 AuNPs 在复合薄膜表面团聚比较明显，分布不均匀，并不适用于表面应力生物传感器。

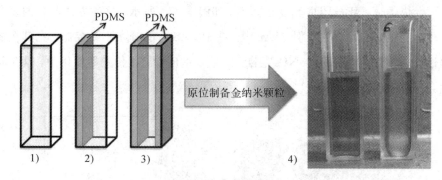

(a) AuNP-PDMS复合薄膜的制备示意图

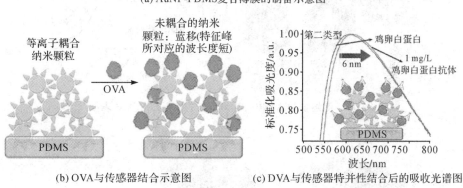

(b) OVA与传感器结合示意图　　(c) DVA与传感器特并性结合后的吸收光谱图

图 1-13　两步原位还原法制备的复合薄膜及其对 OVA 传感特性[26]

Gupta 等人[27]将 PDMS 胶体与氯金酸溶液在 70 ℃温度下均匀混合，并继续加热至 PDMS 完全固化，合成了海绵状的 AuNP-PDMS 复合薄膜，如图 1-14 所示。该方法合成的复合材料遍布 $10\sim100~\mu m$ 的孔隙，具有良好的溶胀性和高度可压缩性。在生物传感器应用中，PDMS 通常需要被制备成微米级厚度的薄膜。海绵状的 AuNP-PDMS 复合薄膜呈现多孔状，并不适用于薄膜制备，而且在抗原抗体修饰、酶固定效果等方面达不到生物传感的要求。

2. 两步组装法

两步组装法是指将制备好的 AuNPs 经过一定处理，与固化的 PDMS 相结合，从而形成复合材料的方法。Park 等人[28]将预先制备的 AuNPs 利用静电吸附作用固定于具有聚二烯丙基二甲基铵(PDDA)涂层的硅片上，然后将 PDMS 胶体旋涂于硅片上，在室温下固化后剥离，实现了 AuNPs 与 PDMS 的组装，从而合成了 AuNP-PDMS 复合薄膜,如图 1-15 所示。这种方法制备的复合薄膜具有很好的柔韧性,但是 AuNPs 在 PDMS 上的分布不易控制,尤其在揭膜过程中,很容易出现 AuNPs 层断裂、脱落的问题,在传感器应用中,这一问题会对灵敏度造成影响。

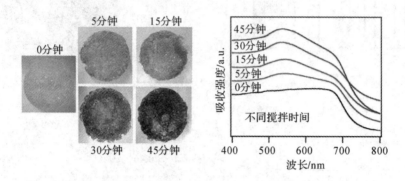

图 1-14　海绵状的 AuNP-PDMS 复合薄膜及其 SEM 表征[27]

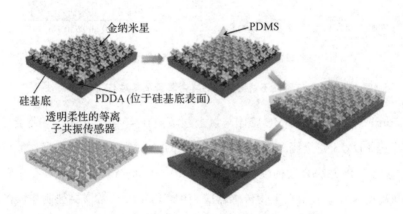

图 1-15　两步组装发制备 AuNP-PDMS 复合薄膜[28]

此外,Zhang 等人[29]利用磁控溅射的方法,将 AuNPs 组装到预拉伸的 PDMS 表面,制备了具有褶皱结构的 AuNP-PDMS 复合薄膜。该复合薄膜具有良好的延展性和导电性,可以被应用于柔性应力传感器件,并表现出良好的重复拉伸性能。然而这种制备方法会使 AuNPs 在 PDMS 上不稳定,虽然导电性能好,但是应力应变的灵敏度较低。

3. 两步还原法

Lim 等人[30]将 PDMS 胶体置于 80 ℃的水中 3 小时，制备了 PDMS 微球，然后在浓度为 0.5%（质量体积比）的氯金酸溶液中还原 3 小时，形成具有金种的 PDMS 微球；之后与柠檬酸钠、氯金酸进一步反应，在 PDMS 表面合成 AuNPs 团簇，从而制备了 AuNP-PDMS 复合材料，如图 1-16。该方法可以控制 AuNPs 在 PDMS 微粒上的表面覆盖率。但是 PDMS 微球的粒径较大且不易控制，复合材料的一致性差。

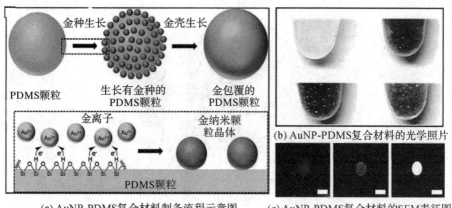

(a) AuNP-PDMS复合材料制备流程示意图 (c) AuNP-PDMS复合材料的SEM表征图

图 1-16 两步还原法制备 AuNP-PDMS 复合材料及其 SEM 表征图[30]

4. 物理混合法

物理混合法是采用 AuNPs 胶体直接与未固化的 PDMS 胶体混合的方式，完成 AuNPs 与 PDMS 的直接组装，实现复合材料的制备。Yan 等人[31]通过硅氢化反应，成功地合成了 PDMS 封端的 AuNPs（AuNP@PDMS），再将 AuNP@PDMS 与 PDMS 混合、固化，制备了复合材料，如图 1-17 所示。由此制备的复合材料具有明显的光限幅特性，其阈值能量约为 200 $\mu j/plus$（$\mu j/plus$ 表示每束激光脉冲所具有的能量），可被用于光学研究。虽然该方法制备下的 AuNPs 在复合材料中分布均匀的，但是制备方法较为复杂，且需要铂进行催化，制备成本高。

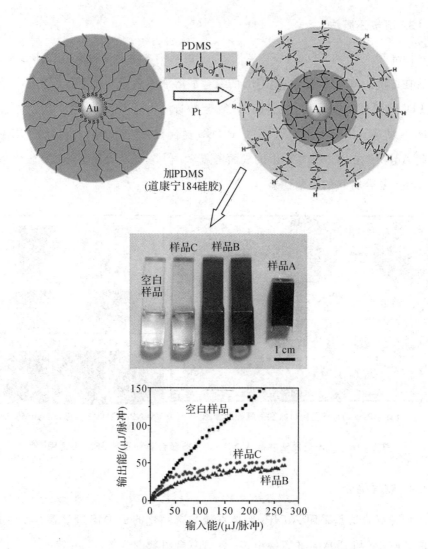

图 1 - 17   物理混合法制备的 AuNP - PDMS 复合薄膜[31]

综上所述，目前利用原位还原法已成功制备了 AuNP - PDMS 复合薄膜，但 AuNPs 的粒径、复合材料的形貌不易控制，并不适用于生物传感器的分子识别单元。Park 等人[28]虽然利用两步组装法制备了表面较为平整、AuNPs 分布较为均匀的复合材料，但是 AuNPs 在复合材料表面并不稳定，在抗原抗体修饰过程中，金层易受到破坏，尤其在表面应力生物传感器应用中，形变很容易使 AuNPs 脱落，降低了传感器的可靠性。Lim 等人[30]和 Yan 等人[31]分别用两步还原法和物理混合法，提高了 AuNPs 在 PDMS 中的稳定性。然而两步还原法制备的球形复合材料因其自身形状的限制，不能用作生物分子识别单元。同时物理混合法则导致 AuNPs 被包覆，使其不易被抗原、抗体、酶等敏感材料修饰。由于两步还原法和物理混合法都不利于生物敏感材料的修饰，因此，这两种方法均适合于生物传感领域。此外我们还发现，国内外研究学者主要集中研究 AuNP‒PDMS 复合薄膜的制备方法，对其电学特性的研究则相对较少，在基于电信号测量的传感应用中，缺乏理论支持。

要想实现 AuNP‒PDMS 复合薄膜在生物传感领域的应用，可以从提高 AuNPs 在 PDMS 中的稳定性，实现 AuNP‒PDMS 复合薄膜的导电性能入手，解决表面应力生物传感器抗干扰能力低的问题，提升传感器的灵敏度和检测精度，进而为柔性表面应力生物传感器在医学检测中的应用奠定基础。本书将深入探讨 AuNP‒PDMS 复合薄膜的可控制备方法，提升复合薄膜的导电性和稳定性；建立柔性薄膜式表面应力生物传感器的制备方法，并进行优化，提升传感器的特异性和信噪比，逐步降低传感器的检测极限。

1.4.3 AuNP‒PDMS 复合薄膜的应用研究

1. 光热器件应用

非对称 AuNP‒PDMS 复合薄膜表现出了良好的吸光特性，如图 1‒18 所示。质量百分比为 0.05 的非对称 AuNP‒PDMS 复合薄膜的热响应比 AuNPs 均匀分布的 AuNP‒PDMS 薄膜的测量值高 3 倍。质量百分比为 0.5 的非对称 AuNP‒PDMS 复合薄膜在激光光斑中的平均温度比 23℃ 的环境温度高出 54.5℃，而质量百分比为 0.05、0.005 和无 AuNP 的 PDMS 样品分别比环境温度高出 29.9℃、8.2℃ 和 0.7℃。层流膜的平均温度变化为 28.2℃。因此，非对称 AuNP‒PDMS 复合薄膜可用于光热器件，其在仅 18 mW 的共振辐射下产生平均 54.5℃ 的温度变化，且这种非对称复合薄膜的热等离子体灵敏度为 3000℃/W[25]。

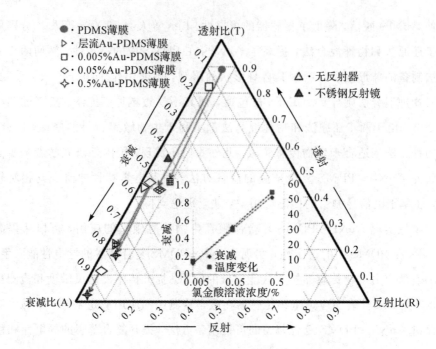

图 1-18   非对称 AuNP-PDMS 复合薄膜在光热器件中的应用[25]

2. 微流控芯片应用

通过金前驱体与聚合物衔接剂的原位反应，在微流控通道中合成了 AuNP-PDMS复合薄膜，而且原位微流控合成可使纳米颗粒的尺寸均匀性提高一个数量级，如图 1-19 所示[32]。基于抗体－抗原相互作用的微流控生物传感器，通过测量不同步骤记录的样品的局域表面等离子体共振（Localized Surface Plasmon Resonance，LSPR）光谱来实现生长激素的检测，检出限低至 3.7 ng/mL(185 pm)。测试结果证明了微流体和 AuNP-PDMS 复合薄膜的成功结合，为多肽和蛋白质的临床检测提供了一种新的方法。

根据 PDMS 本身的特殊性质，ZHANG Q 等人基于原位还原法，使得 AuNPs 可以很容易地引入到 PDMS 微流控芯片中，并提出在 PDMS 表面形成 AuNPs 的微图形[33]，而基于 AuNPs 的微模式，可以实现抗体、抗原、酶等生物分子的进一步修饰，以建立微通道固定化葡萄糖氧化酶（GOx）反应器，并对其性能进行了研究。虽然 AuNPs 在 PDMS 表面的分布是随机的，但是 AuNP

的微图形可以用来描述微流控芯片中固定化酶反应器的阵列。实验表明，所制备的复合薄膜在蛋白质固定化、免疫分析和其它生化分析等方面具有潜在的应用价值。

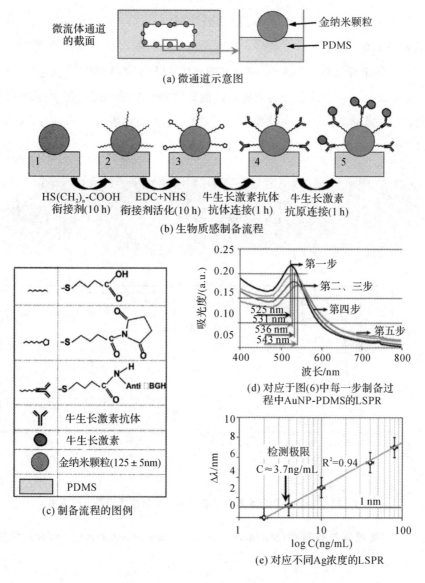

(a) 微通道示意图

(b) 生物质感制备流程

(c) 制备流程的图例

(d) 对应于图(6)中每一步制备过程中AuNP-PDMS的LSPR

(e) 对应不同Ag浓度的LSPR

图 1-19 AuNP-PDMS复合薄膜在微流控芯片中的应用[32]

3. 电化学免疫传感器应用

南京大学化学与化工学院生命科学分析化学重点实验室徐静娟教授团队[34]将 AuNP‐PDMS 复合薄膜与聚二烯丙基二甲基铵(PDDA)进行组装,显示出不同电化学性能。通过固定乙酰胆碱酯酶(AChE),可测定 5.0×10^{-10} g/L 对氧磷和 1.0×10^{-9} g/L 对硫磷,并表现出良好的稳定性和独特的选择性。同一实验室的朱俊杰教授等人[35]将 AuNP‐PDMS 复合薄膜应用于电化学免疫传感器,设计了一个带有交叉型通道的微芯片和一个端通道电化学检测生物传感器,并且通过在 AuNPs 上修饰抗体,实现了心肌肌钙蛋白(cardiac Troponin I,cTnI)和 C 反应蛋白(C‐reactiveprotein,CRP)的检测,如图 1‐20 所示。

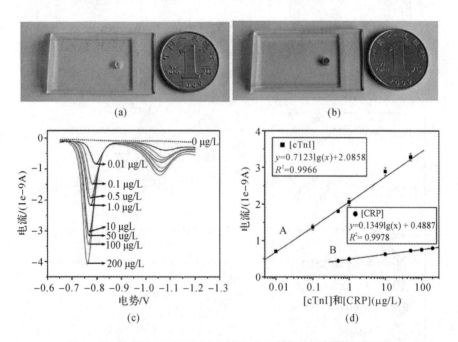

图 1‐20　AuNP‐PDMS 复合薄膜在电化学免疫传感器中的应用

4. 表面增强拉曼散射(Surface-Enhanced Raman Scattering, SERS)传感器应用

Park 等人[28]展示了一种透明 AuNP‐PDMS 复合薄膜作为 SERS 基底,如图 1‐21 所示。柔性表面增强拉曼基底可在 AuNP‐PDMS 复合薄膜表面上

实现共形覆盖，而复合薄膜的光学透明性则允许光与底层接触表面相互作用，从而实现对吸附在 AuNPs 和介电表面上分析物的高灵敏度检测；反之，则传感器不会因为分析物的吸附而产生明显的拉曼散射信号的变化。特别地，当柔性 SERS 基底被覆盖到金属表面时，由于 AuNP - PDMS 复合薄膜与金属膜之间额外的等离激元耦合，SERS 增强效果大大提高。从而利用柔性 SERS 基底实现了对银膜上的苯硫醇(10^{-8} M)的检测。此外，由于 AuNP - PDMS 复合薄膜的嵌入结构，SERS 传感器在拉伸、弯曲和扭转等机械变形 100 次后仍保持较高的灵敏度。这种透明和柔性 SERS 基片适用于非平面表面的各种 SERS 传感应用，而硬 SERS 基片则无法实现。

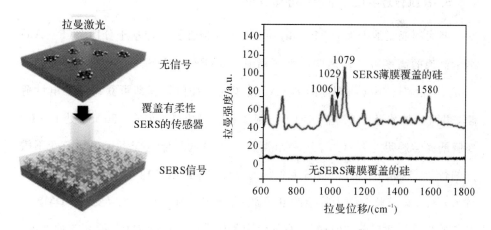

图 1 - 21　AuNP - PDMS 复合薄膜在 SERS 传感器中的应用

此外，巴西塞阿拉联邦大学西卡分校 Elias Barros Santos 教授课题组报道了一种高度图案化的 AuNP - PDMS 复合薄膜的制备方法，并将其应用于表面增强拉曼散射(SERS)中，研究测试了 AuNP - PDMS 复合薄膜的 SERS 光谱[36]。测量了 AuNP - PDMS 复合薄膜基底上相关分子的拉曼信号的 SERS 光谱，监测了其再现性。对相关分子可以观察到高强度的 SERS 信号，表明 AuNP - PDMS 复合薄膜上可以检测到浓度更低的相关分子溶液。此外，AuNP - PDMS 复合薄膜基板具有良好的稳定性和可用性，在 SERS 应用中具有巨大的潜力。江南大学 Zhouping Wang 教授等人同样建立了一种基于

AuNP－PDMS 复合薄膜的表面增强拉曼散射（SERS）生物传感器，以检测食品基质中多种食源性致病菌[37]。他们以 AuNPs 为增强拉曼散射的活性基底，制备的 AuNP－PDMS 复合薄膜用特异性病原体适体（Apt）功能化以捕获靶细胞。在该方案中，病原体首先被 Apt－AuNP－PDMS 复合薄膜捕获，然后与 SERS 探针结合形成三明治分析来完成用于检测多种病原体的传感器模块，以副溶血弧菌和鼠伤寒沙门氏菌为模型靶点，可分别选择性检测 18 CFU/mL 和 27 CFU/mL 的细菌，该 AuNP－PDMS 复合薄膜 SERS 生物传感器也可用于海产品样品的中病原菌检测，并且回收率可达 82.9%～95.1%。

5. 高拉伸透明应变不敏感导体应用

澳大利亚蒙纳士大学 My Duyen Ho 等人报告了一种基于分形金（F－Au）纳米框架的高度可拉伸透明应变不敏感 AuNP－PDMS 复合薄膜导体，如图 1－22 所示[38]。不含封端剂的 F－Au 薄膜无需任何处理即可获得高导电性薄膜，并且可拉伸至 110% 应变而不会显著损失导电性，但在 550 nm 处 F－Au 薄膜的光学透明度为 70%。F－Au 薄膜在 20% 的拉伸应变下表现出应变不敏感的行为。这源于金在 PDMS 上独特的分形纳米网状结构，它可以吸收外部机械力，从而维持整个纳米骨架的电子路径。此外，在 100% 预应变的 PDMS 上制备的半透明双层 F－Au 薄膜在低应变条件下可以达到 420% 的高拉伸性能，而电阻变化可以忽略不计。

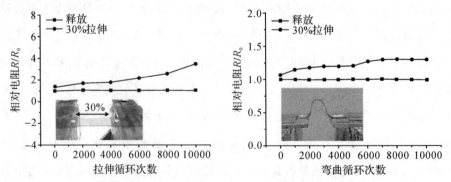

图 1－22　AuNP－PDMS 复合薄膜在高拉伸透明应变不敏感导体中的应用

6. 污水净化应用

　　印度先进技术研究中心 Ritu Gupta 教授等人将 AuNP - PDMS 复合薄膜
应用到了污水中苯硫基甲烷等污染物的处理，如图 1 - 23 所示。他们认为
AuNPs - PDMS 复合材料是去除水中有机污染物的合适的、低成本的新型替
代材料。这种独特的金属纳米粒子与聚合物的结合不仅可以通过 PDMS 网络
吸附去除污染物，还可以通过金纳米粒子降解污染物。并且 AuNP - PDMS 复
合薄膜在污水处理中可重复使用，通过简单加热复合材料即可释放吸收的污染
物。重复循环次数内，AuNP - PDMS 复合薄膜能够以几乎相同的效率反复使
用，通过紫外—可见光谱测量 AuNP - PDMS 复合薄膜可将水中有毒和有气味
的有机污染物降低到几百万分率的水平。

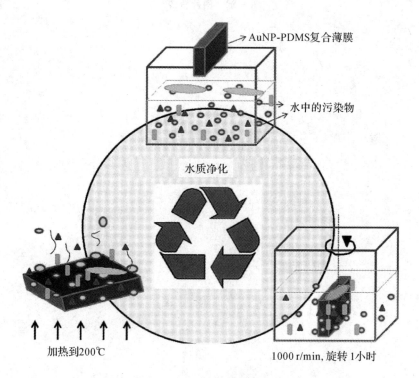

图 1 - 23　AuNP - PDMS 复合薄膜在污水处理中的应用

本 章 小 结

　　本章综述了当前 AuNP – PDMS 复合薄膜的制备方法、应用领域及有待解决的瓶颈问题。由于 AuNP – PDMS 复合薄膜将被用于表面应力生物传感器研究，还综述了生物传感器研究的背景与意义，同时介绍了表面应力生物传感器的传感机理、特点、类型及其研究现状。

第一章　图片资源

第二章 AuNP‐PDMS复合薄膜的原位还原可控合成技术与表征

2.1 引　言

随着现代科学技术的发展，柔性可穿戴电子器件在实时、连续地监测人的各项生命体征上展现出巨大的应用前景。近年来，柔性生物传感已经被广泛研究并应用于心率、血氧、血糖等生命体征的探测。在此基础上，柔性生物传感器向着微量生物分子检测方向快速发展，对生物分子识别单元性能的要求也逐渐提升。聚合物基纳米复合材料凭借其灵活多变的特性已经被广泛用于柔性生物传感器领域。

PDMS由于其柔韧性好、不具备毒性，可被用于聚合物基纳米复合材料的基底材料。与脂肪族芳香族无规共聚酯（Ecoflex）、氢化苯乙烯－乙二烯嵌段共聚物（SEBS）、聚乙烯等其他基底材料相比，PDMS表现出更好的耐高温性，且价格更加低廉。除此之外，PDMS自身具备还原性，可将AuNPs、纳米银（AgNPs）等金属纳米颗粒直接还原至PDMS中形成复合材料，无需其他还原剂或者加工工艺，从而使制备方法简单、成本低。因此，书中选用PDMS作为基底材料，深入研究了AuNP‐PDMS复合薄膜的制备工艺。

AuNP‐PDMS复合薄膜是以PDMS为基体连续相，以AuNPs为分散相的复合材料，集合了PDMS和AuNPs的优点，综合性能优于PDMS和AuNPs，具有较高的可拉伸性、导电性和可修饰性。AuNP‐PDMS复合薄膜的制备方法已经被国内外广泛研究，尤其是利用气相沉积、磁控溅射或者翻模法来制备复合薄膜的方法已经相当成熟。但是，AuNPs 均在 PDMS 表面，且 AuNPs 的大小不易控制，复合材料稳定性差。本章则利用 PDMS 的还原性，将 AuNPs 直接还原到 PDMS 内部，制备了稳定的 AuNP‐PDMS 复合薄膜，通过控制 PDMS 还原时间、质量比和薄膜厚度可以实现 AuNPs 大小和浓度的控制，克服沉积与磁控溅射法制备复合材料的不足之处。此外，一些学者利用物理混合法制备了复合材料，将 AuNPs 颗粒作为填充材料，对复合薄膜的柔韧性产生明显的影响，而可控制备方法则可以避免此问题，在 PDMS 中还原生成 AuNPs 的同时，保证了复合材料的柔韧性。

　　本章在原位还原法和两步还原法的基础上，研究了 AuNP‐PDMS 复合薄膜可控合成技术，以提高复合薄膜的稳定性；研究 PDMS 的还原时间、质量比和厚度对 AuNPs 在 PDMS 中生长的影响；探究了 AuNPs 的生长机理；最后，研究了复合薄膜的电学特性及其导电机理，为复合薄膜在表面应力生物传感器中的应用奠定基础。

2.2　AuNP‐PDMS 复合薄膜的原位还原可控合成技术

　　PDMS 具有还原性，可以直接还原氯金酸形成 AuNPs，实现新型 AuNP‐PDMS 复合薄膜的制备，这种方法简单、成本低、复合效果好。而且只需控制还原过程中的各种条件就能控制 AuNPs 在 PDMS 中复合的效果，达到 AuNP‐PDMS复合薄膜的可控制目的。原位还原法制备新型 AuNP‐PDMS 复合薄膜过程中用到的主要试剂如表 2‐1 所示。

表 2‐1　原位还原法使用的主要试剂

名　　称	化学式	纯　度	生产厂家
氯金酸	$HAuCl_4 \cdot 4H_2O$	$\geqslant 99.5\%$	国药试剂集团有限公司
三甲基氯硅烷	$(CH_3)_3ClSi$	$\geqslant 99\%$	国药试剂集团有限公司

续表

名　称	化学式	纯　度	生产厂家
盐酸	HCl	分析纯	国药试剂集团有限公司
硝酸	HNO_3	分析纯	国药试剂集团有限公司
浓硫酸	H_2SO_4	分析纯	国药试剂集团有限公司
双氧水	H_2O_2	分析纯	国药试剂集团有限公司
无水乙醇	C_2H_5OH	分析纯	国药试剂集团有限公司
丙酮	CH_3COCH_3	分析纯	国药试剂集团有限公司
异丙醇	$(CH_3)_2CHOH$	分析纯	国药试剂集团有限公司

本书利用完全固化的 PDMS 还原氯金酸来可控制备复合薄膜，制备流程如图 2－1 所示。该方法可通过调控 PDMS 的还原时间、厚度和质量比，改变 PDMS 和 AuNPs 的复合效果。而现有的原位还原法通常利用未固化或未完全固化的 PDMS 来还原 AuNPs，制备的复合材料形貌、AuNPs 的生长不易控制[107-109]。具体可控制备方法如下：

（1）准备玻璃器皿，利用王水（浓盐酸与浓硝酸体积比为 3∶1）将玻璃器皿中残留的金颗粒清洗干净，需浸泡 20 分钟。然后将王水倒入酸废液桶，再用去离子水将玻璃器皿冲洗干净。然后将玻璃器皿中装满 piranha 溶液（浓硫酸与 30％过氧化氢体积比为 3∶1），浸泡 20 分钟后，用去离子水冲洗干净，用氮气吹干。如果玻璃器皿的玻璃壁上的水既不结成水珠也不成股流动，表明试剂瓶已经清洗干净，否则需重复上述步骤，重新将玻璃器皿清洗一遍，直到符合标准为止。

（2）在超声环境中，烧杯和玻璃衬底依次浸泡于丙酮和异丙醇中 3 分钟。之后分别放于无水乙醇和去离子水中，去除玻璃上的无机物杂质。

（3）将玻璃衬底在三甲基氯硅烷（TMCS）中处理 20 分钟，之后用去离子水冲洗以去除残留物，这样可增强玻璃衬底的疏水性，便于 PDMS 薄膜与玻璃衬底的分离。

(4) 将 PDMS A 胶和 B 胶分别按照质量比为 10∶0.5、10∶1、10∶1.5 以及 10∶2进行称量并混合,用玻璃棒搅拌均匀。将 PDMS 在−20℃的环境中静置 1 小时,去除气泡。

(5) 利用甩胶机,将不同质量比的 PDMS 胶体,在 1000 r/min 的转速下旋涂于玻璃片上,制备不同质量比的 PDMS 薄膜;同时将质量比为 10∶1 的 PDMS,分别在 8000 r/min、4000 r/min、3000 r/min、2000 r/min 和 1000 r/min 的转速下旋涂于玻璃衬底上,制备不同厚度的 PDMS 薄膜;最后将 PDMS 薄膜在 70℃的烘干台上,固化 4 小时。

(6) 配制浓度为 0.01 g/mL 的氯金酸酒精溶液。在室温下,将固化后的 PDMS 薄膜浸泡于氯金酸酒精溶液中,分别进行 6 小时、12 小时、18 小时、24 小时以及 48 小时的避光还原反应。还原结束后,用去离子水清洗干净。

(7) 分别配制浓度为 0.01 g/mL 的氯金酸水溶液、0.02 g/mL 的葡萄糖水溶液和 0.2 g/mL 的碳酸氢钾水溶液,并按体积比为 2∶1∶1进行混合,配制成葡萄糖还原液。在室温下,将原位还原制备的复合薄膜浸泡于葡萄糖还原液中 4 小时,以便制备金电极。

注意:文中提到的质量比均指 PDMS A 胶和 B 胶的质量比。

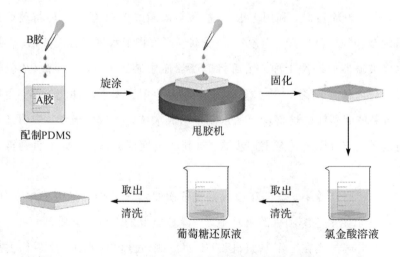

图 2－1　AuNP－PDMS 复合薄膜的原位还原可控制备过程示意图

2.3　AuNP-PDMS 复合薄膜的表征

　　首先研究还原时间和 PDMS 物理特性对 AuNPs 在 PDMS 中可控制备的影响。图 2-2 对比了具有不同还原时间、不同 PDMS 厚度和质量比的 AuNP-PDMS 复合薄膜的性质。通过原位还原反应，在 PDMS 中生成 AuNPs，进而合成 AuNP-PDMS 复合薄膜。众所周知，纯 PDMS 薄膜呈现出无色透明状，经原位还原后，PDMS 薄膜的颜色变成品红色，表明在 PDMS 中生成 AuNPs。图 2-2(a)为在不同还原时间下制备的 AuNP-PDMS 复合薄膜。从图中可以看出，随着还原时间的延长，复合薄膜的颜色逐渐从浅红色变成了深褐色，且透明度减小，表明 PDMS 中 AuNPs 的浓度逐渐升高。图 2-2(b)和(c)为不同厚度和质量比的 PDMS 在氯金酸溶液中还原 24 小时制备的复合薄膜。可以明显看到，薄膜厚度的增加和质量比的升高，使得薄膜的颜色逐渐变深，表明

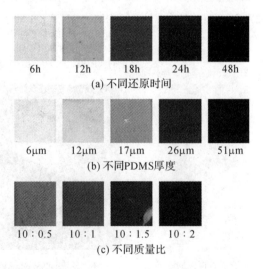

(a) 不同还原时间

(b) 不同PDMS厚度

(c) 不同质量比

图 2-2　不同还原时间、不同 PDMS 厚度和质量比的 AuNP-PDMS 复合薄膜

AuNPs 的浓度逐渐升高。值得注意的是，当薄膜厚度为 6 μm 时，PDMS 薄膜颜色接近无色透明状，表明生成的 AuNPs 极少。综上所述，可以通过控制 PDMS 的还原时间、厚度及其质量比，达到控制 AuNPs 生长的目的。

图 2-3(a)展示了 AuNP-PDMS 复合薄膜切片在低倍镜下的透射电子显微镜(Transmission Election Microscope，TEM)表征图。可以看到，AuNPs 被还原到了 PDMS 中，并且具有球形、棒状和三棱柱形态，各种形态下的 AuNPs 并没有发生团聚，分布较为均匀。图 2-3(b)为复合薄膜在高倍镜下的 TEM 图。图中首次发现在 PDMS 中均匀分布有直径为 2.01±0.51 nm 的微小

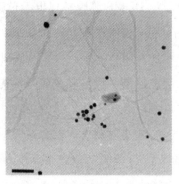

(a) AuNPs在聚合物基质中的TEM图
(比例尺为200 nm)

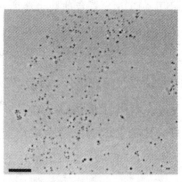

(b) TEM图展示了PDMS中形成了大量
AuQDs(TEM成像过程中的强电子束辐
照射使邻近的AuQDs部分熔化成分离
的大团簇，比例尺为100 nm)

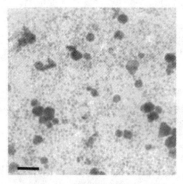

(c) 在高对比度条件下的TEM图展示
了AuNPs与AuQDs连接形成金网络的
整体视图(比例尺为50nm)

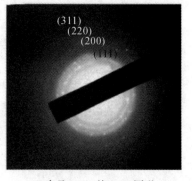

(d) 多晶AuNW的SAED图形

图 2-3　AuNP-PDMS 复合薄膜的 TEM 表征图

金量子点（AuQD）。此外，AuQDs 在 PDMS 中形成了一个密集的点状网格。粒径较大的 AuNPs 与 AuQDs 进行连接，形成了金纳米网络（AuNW），如图 2－3(c)。此外，我们研究了新型 AuNP－PDMS 复合薄膜中金纳米颗粒的选区电子衍射（SAED）图，如图 2－3(d)所示，结果表明还原到 PDMS 中的 AuNPs 具有面心立方体结构，该结构是由<111>晶面形成的，具有最低的表面能。

　　利用"ImageJ"软件统计了 PDMS 中不同形态的 AuNPs 的分布情况，结果发现三种形态的 AuNPs 分别占总粒子数的 90.0％、3.5％和 6.5％（共计 216 个粒子），表明在 PDMS 中主要生成球形 AuNPs。图 2－4 为不同形状的

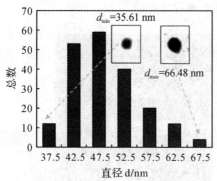

平均直径=49.22 nm　直径标准差=7.29 nm

(a) 球形的AuNPs的直径分布

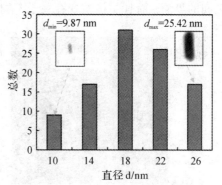

平均直径=17.18 nm　直径标准差=3.76 nm

(b) 棒状AuNPs的直径分布

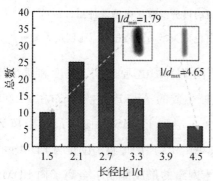

平均长径比=2.72 nm　长径比标准差=0.86 nm

(c) 棒形AuNPs的展弦比分布

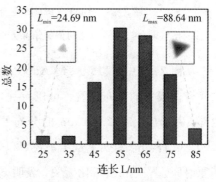

平均边长=60.58 nm　边长标准差=11.57 nm

(d) 三棱柱形AuNPs的边长分布

图 2－4　AuNP－PDMS 复合薄膜中不同形状金纳米颗粒的粒径统计

（注：图中用图像处理软件"ImageJ"，从 TEM 图像共统计 200 个粒子）

AuNPs 的粒径分布，统计的样本数为 200。可以清楚地看到，球形 AuNPs 的平均直径为 49.22±7.29 nm；棒状 AuNPs 的平均直径为 17.18±3.76 nm；三棱柱状 AuNPs 的边长平均为 60.58±11.57 nm，表明 AuNPs 粒径的一致性较好。

通过高分辨率 TEM(HR – TEM)，可以观察到 AuQDs 的晶面间距分别为 0.20 nm 和 0.24 nm，分别对应于其<100>和<111>生长方向，如图 2 – 5 所示。与胶体环境相比，PDMS 基质中生成的 AuNPs 为形成网状新结构提供了晶体取向。由于在 PDMS 中形成的 AuNPs 具有不同的形状，因此高分辨透射电镜图像显示了聚集的大颗粒和小颗粒之间的界面，也显示了球形和棒状颗粒之间的界面。而且晶格畸变存在于不同金纳米粒子的临界处。

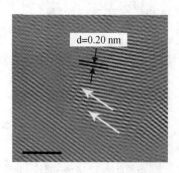 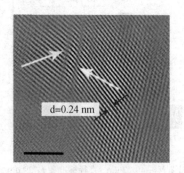

(a) 沿<100>晶面生长的 AuNPs　　　　(b) 沿<111>晶面生长的 AuNPs

图 2 – 5　AuNP – PDMS 复合薄膜的高分辨透射电镜表征图

（注：显示聚合物基体中金的偏斜结晶方向，白色箭头指向晶格扭曲，比例尺为 2 nm）

从图 2 – 6 中可以观察到 AuNPs 在不同 PDMS 还原时间、厚度和质量比的复合薄膜中的分布情况。可以看到，还原生成的 AuNPs 主要分布在 PDMS 内部，并形成一个 2.00 μm 的分布层。分布层到 PDMS 表面的最短距离为 2.90±0.47 μm。此外，从图中还可以发现 AuNPs 层的厚度、位置与 PDMS 的还原时间、厚度和质量比无关，表明金纳米网络的形成抑制了金离子向 PDMS 更深层的进一步扩散。通过 SEM 观察，在厚度为 6 μm 的复合薄膜内部，AuNPs 的含量最少，进一步证明了 AuNPs 层分布于距离 PDMS 表面 2.90 μm 处。图 2 – 6(d) 为 AuNP – PDMS 复合薄膜表面的 SEM 图，可以清楚看到，AuNPs 在 PDMS 表面的覆盖率极小，表明 PDMS 表面具有很少的 Si—H 基团。与之前 1.4.2 小节中的 AuNP – PDMS 复合薄膜的制备方法相比，通过可控制备法合成的复合薄膜的 AuNPs 主要分布于 PDMS 内部，而非 PDMS 表面[33]，有效提高了 AuNP – PDMS 复合薄膜的稳定性。

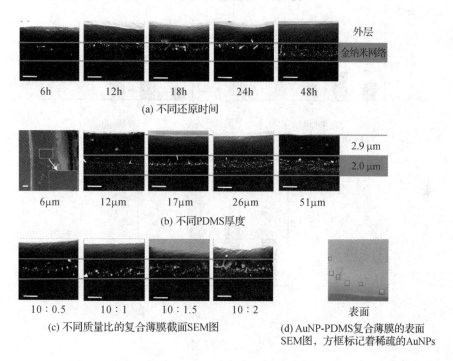

(a) 不同还原时间

(b) 不同PDMS厚度

(c) 不同质量比的复合薄膜截面SEM图

(d) AuNP-PDMS复合薄膜的表面SEM图，方框标记着稀疏的AuNPs

图 2 – 6　AuNP – PDMS 复合薄膜的 SEM 表征图

(注：带状区域表明了 AuNPs 的位置。比例尺为 2 μm)

为进一步分析还原时间和 PDMS 物理性质对 AuNPs 生长的影响，利用 X 射线能谱(EDS)，计算了不同的 AuNP – PDMS 复合薄膜的金原子百分比。当还原反应持续 6 小时、12 小时、18 小时、24 小时和 48 小时时，PDMS 中金原子的百分比从 0.5% 增加到 3.2%，如图 2 – 7(a)所示，与图 2 – 5(a)中 AuNPs 浓度随还原时间的变化趋势相一致。而对于不同厚度的 PDMS，金原子的百分比从 0.2% 增加到 1.8%，如图 2 – 7(b)所示，表明 PDMS 越厚，其固化后残留的—Si—H 基团越多，还原生成的 AuNPs 浓度越高。同样的，PDMS 的质量比越高，在相同厚度和还原时间下，金原子的百分比从 0.65% 升高到 1.5% 如图 2 – 7(c)所示。测试结果均与 SEM 表征结果相一致，进一步证明通过改变

PDMS 的还原时间、厚度及其质量比，可实现复合薄膜的可控制备。

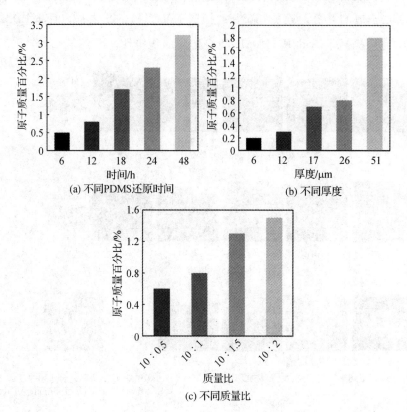

图 2‒7　不同条件下制备的 AuNP‒PDMS 复合薄膜的金原子百分比

　　如图 2‒8 所示为不同条件下制备的 AuNP‒PDMS 复合薄膜的紫外—可见光吸收光谱图。在 530～550 nm 的波长范围内[39]，随着反应时间的延长、PDMS 膜厚度的增加和质量比的升高，复合薄膜中 AuNPs 的吸收峰峰值变大，表明 AuNPs 的浓度在 PDMS 中逐渐变大，与 SEM 和能谱图（Energy Dispersive Spectrum，EDS）表征结果相一致。为确定最佳还原条件，将纯 PDMS 浸入到直径为 2 nm 的 AuQDs 胶体中 24 小时，形成 AuQD‒PDMS 复合薄膜，并测试了其紫外吸收光谱，如图 2‒8(d)所示，可以明显看出，具有 AuQDs 的 PDMS 在 540 nm 波长处具有吸收峰[122]。因此，从图 2‒8(a～c)可以确定 AuNP‒PDMS 复合薄膜的最优制备条件：还原时间为 18 小时，PDMS 厚度为 26 μm，质量比为 10∶1。在这种条件下，金原子的百分比为 0.8%。

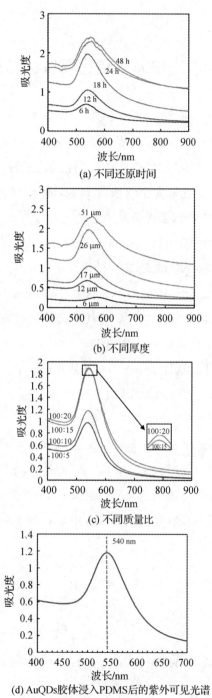

(a) 不同还原时间

(b) 不同厚度

(c) 不同质量比

(d) AuQDs胶体浸入PDMS后的紫外可见光谱

图 2-8 在不同条件下制备的 AuNP-PDMS 薄膜的紫外可见光谱

2.4　AuNP－PDMS 复合薄膜的合成原理

在 PDMS 固化过程中，B 胶作为固化剂，在分子链中具有硅氢基团(Si—H)，可与 PDMS A 胶中的 C=C 键发生交联反应，反应过程如公式 2－1 所示[40]。固化后的 PDMS 中残留有未完全反应的 B 胶，使得 PDMS 中含有 Si—H 基团，与扩散进入 PDMS 中的金离子发生原位还原反应，生成 AuNPs，反应式为公式 2－2[40]。图 2－9 为固化的 PDMS 以及 AuNP－PDMS 的红外光谱图，用来证明 PDMS 的交联反应和 AuNPs 的原位还原反应。在红外光谱中，由于伸缩振动，PDMS A 胶分子中的 C=C 键在 1630 cm^{-1} 波长处具有共振峰。PDMS A 胶与 B 胶交联反应后，C=C 键的共振峰强度明显变弱，表明 PDMS A 胶中的 C=C 键在交联反应中发生断裂，生成了 C—C 键。而在交联剂中，Si—H 基团所对应的共振峰位于 2161 cm^{-1} 波长处。在交联反应后，Si—H 基团的共振峰强度变弱，表明在 PDMS 固化过程中，Si—H 基团参与反应，并且在 PDMS 固化后，残留有大量的 Si—H 基团。当固化后的 PDMS 薄膜还原生成 AuNPs 以后，可以发现 Si—H 基团的共振峰的强度减弱，而 Si—O—Si 键在 1025 cm^{-1} 波长处的共振峰则明显增强。结果表明，在 PDMS 与氯金酸的反应过程中，Si—H 基团参与了原位还原反应，生成了 Si—O—Si 基团和 AuNPs。因此，PDMS B 胶在复合薄膜制备中具有双重作用：固化 PDMS 和还原 AuNPs。

$$R—Si—H + CH_2 = HC—Si—R \rightarrow R—Si—CH_2—CH_2—Si—R$$

$$(2-1)$$

$$4AuCl_4^- + 6—Si—H + 3H_2O \rightarrow 4Au + 3—Si—O—Si— + 16Cl^- + 12H^+$$

$$(2-2)$$

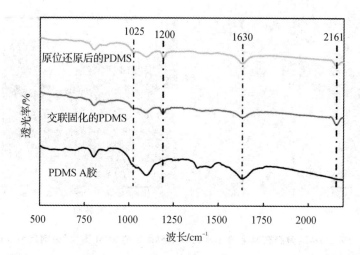

图 2‑9　PDMS 单体、交联 PDMS 和 AuNP‑PDMS 复合薄膜的傅立叶变换红外光谱图

　　图 2‑10 为 PDMS 在氯金酸无水乙醇溶液中浸泡并发生溶胀后的 SEM 图。固化的 PDMS 是由硅氢化反应(公式 2‑1)形成的具有网络结构的线型聚合物。因此，在 PDMS 中的聚合物分子排列较为疏松，微隙分布较多。乙醇分子链与 PDMS 分子链相比，前者长度更短且相差较大，使得乙醇分子可以扩散进入 PDMS 网络中。此外，由于乙醇分子运动速率快，可快速向 PDMS 中扩散，在扩散过程中削弱了 PDMS 分子之间的相互作用力，使 PDMS 分子之间的距离增加，从而使 PDMS 发生溶胀[41,42]。SEM 图表明 PDMS 发生溶胀后，表面和截面的微隙增多，证明 PDMS 基质具有吸收氯金酸乙醇溶液的能力。氯金酸可通过乙醇渗透进入 PDMS 内部，并与 PDMS 内部的 Si—H 基团发生反应，生成 AuNPs。此外研究还表明，PDMS 表面的 Si—H 基团会与 H_2O 和 O_2 发生反应，反应式分别为公式 2‑3 和公式 2‑4[43,44]。从 SEM 表征图(图 2‑5)可以看出，H_2O 和 O_2 可以渗透到 PDMS 薄膜的外层，使得 PDMS 薄膜从表面延伸到 2.9 μm 深处的大多数 Si—H 基团被水解或者氧化，而内部的 Si—H 基团则被保护。因此，在 PDMS 薄膜表层反应生成的 AuNPs 远少于内部生成的 AuNPs。质量比越高的 PDMS 薄膜具有更多的 Si—H 基团，可以还原生成更高浓度的 AuNPs，与表征结果相一致。

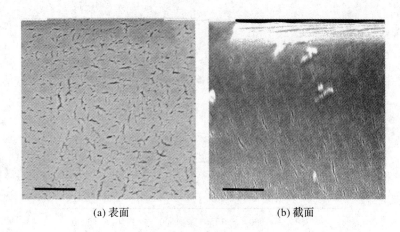

(a) 表面   (b) 截面

图 2‐10   PDMS 薄膜在氯金酸无水乙醇中孵育后的 SEM 图像(比例尺为 1 μm)

$$R—\underset{|}{\overset{|}{Si}}—H + H_2O \rightarrow \sim R—\underset{|}{\overset{|}{Si}}—O—R + H_2 \qquad (2‐3)$$

$$2R—\underset{|}{\overset{|}{Si}}—H + O_2 \rightarrow 2 \sim R—\underset{|}{\overset{|}{Si}}—O—H \qquad (2‐4)$$

2.5 AuNP‐PDMS 复合薄膜的电学特性

AuNP‐PDMS 复合薄膜通常作为导电敏感薄膜用于生物传感器,研究复合薄膜的导电特性对设计传感器具有很重要的意义。提高生物传感器灵敏度与改善敏感单元的电学性质有着密不可分的联系。因此,我们在这里将从电学测试和导电原理上,详细介绍新型 AuNP‐PDMS 复合薄膜的电学特性,以便其在生物传感领域发挥作用。

2.5.1 AuNP‐PDMS 复合薄膜的电学测试

在室温下,使用数字源表在隔离箱中对 AuNP‐PDMS 复合薄膜(还原时间 18 小时，厚度 26 μm，质量比 10：1）的电流—电压（I－V）特性曲线进行测试；在 200～450 K 的温度变化范围内，研究了温度对薄膜电阻的影响。电学测试均在隔离箱中进行操作，避免产生静电对测试结果产生干扰。

图 2－11（a）是 AuNP－PDMS 复合薄膜室温下的 I－V 特性曲线图。从图中可以看出，当复合薄膜被施加 60 V 电压时，薄膜中无明显电流产生；而当施加电压超过 60 V 时，电流产生并迅速增大。该现象是由于复合薄膜存在库伦阻塞效应[45]，阈值电压为 60 V。当电压升高到 80～100 V 时，复合薄膜出现尖峰电流。该现象是由于 AuNPs 网络在 PDMS 中的分布具有不连续性，不同的 AuNPs 网络之间具有一定距离，使导电单元之间出现势垒[46]。当电压升高时，电子可以越过势垒，到达另外的导电单元，使得导电通路增多，电流迅速变大，因此出现尖峰电流。而 PDMS 内部未还原 AuNPs 的薄膜则无电流通过，薄膜不导电。结果表明，AuNPs 嵌入到 PDMS 中可以提高薄膜的导电特性。图 2－11（b）展示了温度变化对 AuNP－PDMS 复合薄膜电阻的影响。从图中可以明显地看到，温度升高，复合薄膜的电阻降低，表明复合薄膜具有负温度电阻系数，结合复合薄膜的 I－V 特性，证明可控制备的复合薄膜具有良好的隧穿导电性能。虽然 AuNP－PDMS 复合薄膜的量子隧穿导电性目前还未被研究，但其在量子器件和生物传感领域中具有应用前景。

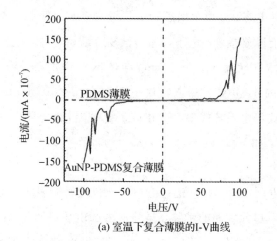

(a)室温下复合薄膜的I-V曲线

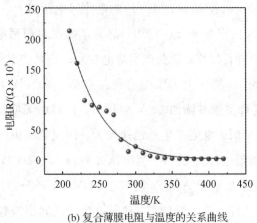

(b) 复合薄膜电阻与温度的关系曲线

图 2‑11   AuNP‑PDMS 复合薄膜电学性能的表征

注：图中的复合薄膜为 2×2 cm^2 与 18 小时的氯金酸（HAuCl$_4$）还原时间

2.5.2   AuNP‑PDMS 复合薄膜的导电机理

图 2‑12 为 AuNP‑PDMS 复合薄膜的导电模型。在该模型中，AuQDs 和 AuNPs 在 PDMS 中形成导电网络。AuQDs 之间、AuNPs 之间以及 AuQDs 与 AuNPs 之间可直接接触，也可相互分离，使复合薄膜中的电子呈现出三种运输状态，包括非导电态、经典金属态和量子隧穿态。在经典的金属状态下，金导电单元之间具有欧姆接触，电子传输特性复合欧姆定律，电流和电压成线性关系。而在量子隧穿状态下，电子通过导电网络中的隧穿结进行传输。图 2‑12(b)为绘制的小电容—普通金属电阻（Small‑capacitance Normal‑metal Resistance）的经典导电系统模型[45]。在该系统中，线性方阵中的电流行为符合蒙特卡罗模拟[46]，如下所示：

$$I = (V - V_r)\zeta \tag{2-5}$$

其中，V_r 为阈值电压，ζ 为 5/3。通过隧穿导电机理研究表明，在 $V_r = 60$ V 时，电子可以通过导电单元之间的带隙。当外加激励电压高于 60 V 时，具有相应能级的电子进入量子隧穿态，产生电流。由于在隧穿导电状态下，微小的电压变化即可导致较大的电流变化，如图 2‑11(a)所示。因此，隧穿导电薄膜可作为表面应力生物传感器分子识别单元的理想材料，用于以电信号测量为基础的高灵敏生物检测。

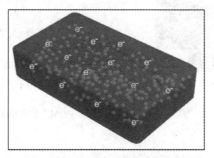

(a) AuNPs网络和电子转移路径的示意图

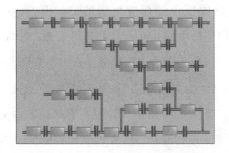

(b) 经典导电系统模型(其中矩形表示电阻，双条短垂直线表示电容

图 2-12　AuNP-PDMS 复合薄膜的导电模型

2.5.3　AuNP-PDMS 复合薄膜的应力-应变响应特性

为验证 AuNP-PDMS 复合薄膜可用于表面应力生物传感器，以感知生物分子吸附导致的薄膜形变，我们利用葡萄糖还原氯金酸制备了金电极以便进行电学测试，SEM 图如图 2-13(a)所示。图 2-13(b)是两步还原法制备的 AuNP-PDMS 复合薄膜的结构示意图，从图中可以看出复合薄膜最后形成了 AuNPs 层、AuNP-PDMS 复合层和 PDMS 绝缘层的单层复合薄膜结构。该复合薄膜被用作生物传感器的生物识别单元时，无需进行其他工艺的处理，即可实现生物分子选择层和信号转换层的分离，可以显著提升传感器的信噪比和灵敏度。

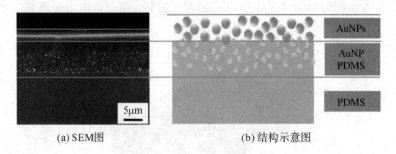

(a) SEM图　　　　　　　　　　(b) 结构示意图

图 2‐13　具有金电极的 AuNP‐PDMS 复合薄膜表征

图 2‐14(a)为原位还原后的 AuNPs‐PDMS 表面 AuNPs 分布的 SEM 形貌图。可以发现，虽然原位还原反应生成的 AuNPs 大多数分布在 PDMS 内部，但仍有部分 AuNPs 被生成并嵌入在 PDMS 表面。表面 AuNPs 具有 20.22 ± 1.29 nm 的平均直径，可作为金种，粒径分布直方图如图 2‐14(b)所示。葡萄糖还原氯金酸形成金原子，金原子在 PDMS 表面金种上持续生长，形成密集的 AuNPs 层，如图 2‐15(a)所示。由于金种嵌入于 PDMS 表面，因此 AuNPs 电极与 PDMS 结合更为稳定，不易脱落。图 2‐15(b)为电极中 AuNPs 的粒径分布直方图，计算出其平均直径为 143.00 ± 24.90 nm。综上所述，经葡萄糖二次还原制备的复合薄膜具有更好的稳定性，在高精度生物测试应用研究中备受关注。

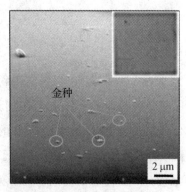

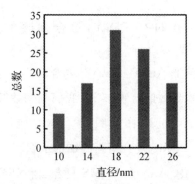

(a) AuNP-PDMS复合薄膜表面AuNPs
分布的SEM图和光学图像(插图)

(b) 从SEM图像中随机选取200个复合薄膜表面的
AuNPs (用图像处理方法测量其的粒径分布直方图)

图 2‐14　原位还原后的 PDMS 表面的表征

(a) 葡萄糖还原后AuNPs分布的SEM图像

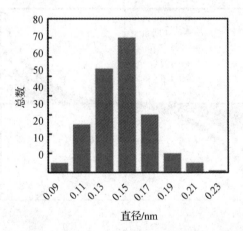

(b) 从SEM图像中随机选取200个葡萄糖还原的AuNPs (用图像处理方法测量其粒径分布直方图)

图 2‑15　AuNP‑PDMS 复合薄膜表面金电极的表征

在机械外力作用下，验证形变对复合薄膜电学特性的影响。如图 2‑16(a) 所示为具有中心凸形变的复合薄膜的导电模型；图 2‑16(b) 是 AuNP‑PDMS 复合薄膜对不同形变(0~187.4 μm 范围)的动态响应曲线。结果显示，在相同电压下，随形变量的增加，通过复合薄膜的电流逐渐减弱，表明复合薄膜对微形变具有敏感特性。这是由于复合薄膜形变使得 AuNPs 之间距离增加，电子

传输的导电通路减少，进而使电流减小。因此，AuNP – PDMS 复合薄膜可以
用于表面应力生物传感器，对生物分子或细胞进行检测。

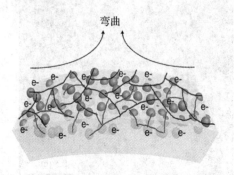

(a) 具有中心凸形变的AuNP-PDMS复合薄膜的导电模型。红线是PDMS中电子传输路径。
蓝线是PDMS表面的电子传输路径

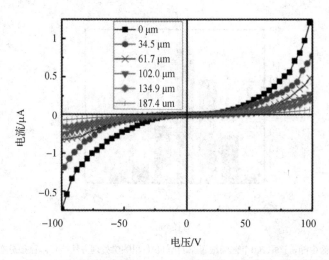

(b) 在0~187.4μm范围内，AuNP-PDMS复合薄膜对不同中心凸形变的响应曲线

图 2 – 16   AuNP – PDMS 复合薄膜的电学特性

2.5.4   AuNP – PDMS 复合薄膜的电学特性仿真

基于第一性原理下的密度泛函理论，利用"Gaussian09"软件，对 PDMS 分
子结构进行优化。在仿真计算中，采用 6 – 31G＊＊ 基组，PBE 杂化泛函进行计
算，在计算中不考虑自旋极化的影响。采用 LanL2DZ 基组，通过 PBE0 杂化泛

函对金原子结构进行优化[48,49]。图 2-17 展示了单个 PDMS 分子单元进行的数值模拟计算，以了解 AuNP-PDMS 复合薄膜带隙的变化情况。在无 Au 原子的情况下，最高占据分子轨道与最低空分子轨道（HOMO-LUMO）之间的带隙为 5.31 eV，如图 2-17(a)所示。当加入一个 Au 原子后，HOMO-LUMO 带隙被降低了 11.5％，为 4.7 eV，如图 2-17(b)所示。仿真结果表明，AuNPs 被还原到 PDMS 中后可以提高复合薄膜的导电性[50,51]。

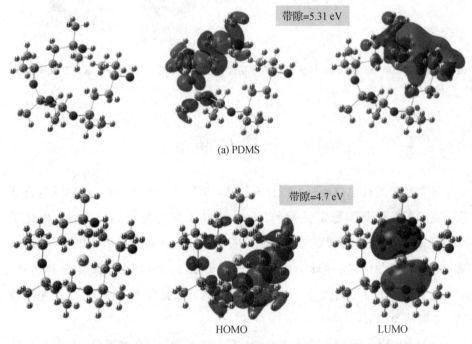

带隙=5.31 eV

(a) PDMS

带隙=4.7 eV

HOMO　　　　　　　　LUMO

(b) AuNP-PDMS(褐红色和绿色分别表示电子的积累和耗尽，在波函数中的相位相反)

图 2-17　单个电子单元的前线分子轨道研究(彩图可扫描章末二维码获取)

根据图 2-18 中的仿真分析，利用表面静电势（ESP）进一步研究了金原子对 PDMS 分子电子密度的影响。由于 Au 原子半径较大，最外层电子数又少，很容易失去电子。又因为电子具有较强的离域特性，所以 Au 元素具有较强的还原性。将 AuNPs 嵌入 PDMS 后，即可改变 PDMS 局部的静电势，进而提高复合薄膜的导电特性，这与复合薄膜的电学测试结果一致。

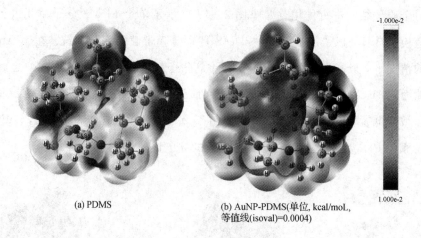

(a) PDMS   (b) AuNP‑PDMS(单位, kcal/moL, 等值线(isoval)=0.0004)

图 2‑18   基于电子自洽场计算(SCF)的电子密度静电势分布图(彩图可扫描章末二维码获取)

本 章 小 结

本章主要通过原位还原可控合成技术，制备了新型 AuNP‑PDMS 复合薄膜，克服了复合薄膜稳定性差的问题，提高了复合薄膜的导电性；优化了AuNP‑PDMS 复合薄膜的制备条件，提升了 AuNPs 在 PDMS 中的一致性；通过还原机理的研究，明确了 AuNPs 的生长方式；通过电学测试和理论仿真，研究复合薄膜的导电特性和导电机理；最后研究了复合薄膜对微形变的响应特性。主要结论如下：

（1）利用固化后 PDMS 中残留的—Si—H 基团，与金离子发生原位还原反应，成功制备了 AuNP‑PDMS 复合薄膜。通过控制 PDMS 的还原时间、厚度及质量比，可以有效调节 AuNPs 的生长，实现了 AuNP‑PDMS 复合薄膜的可控制备。

（2）通过原位还原法，首次在 PDMS 中制备了粒径为 2.01 ± 0.51 nm 的AuQDs；AuQDs 与粒径较大的 AuNPs 在 PDMS 中形成稳定的金网络，提高了复合薄膜的导电性；AuNPs 在 PDMS 内部形成一个 2.0 μm 的分布层；AuNPs 分布层到 PDMS 表面的最短距离为 2.90 ± 0.47 μm；AuNPs 的分布区域与 PDMS 的还原时间、厚度和质量比无关。得到 AuNP-PDMS 复合薄膜的最优制备条件：还原时间为 18 小时，PDMS 厚度为 26 μm，质量比为 10:1。

（3）以葡萄糖为还原剂，以嵌入到 PDMS 表面的 AuNPs 作为金种，成功制备了稳定的电极。测试 AuNP-PDMS 复合薄膜的 I-V 特性曲线，结果表明复合薄膜具有隧穿导电特性；研究复合薄膜的导电机理，并进行理论计算；AuNP-PDMS 复合薄膜对微形变具有敏感特性，表明复合薄膜可以用于表面应力生物传感器。

第二章　图片资源

第三章 AuNP-PDMS 复合薄膜的 两步还原合成技术与表征

3.1 引 言

随着复合材料的不断发展以及众多聚合物基纳米复合材料在生物传感、柔性电子器件等领域的普遍应用，对复合材料的性能，尤其是对导电性能提出了更高的要求。研发高性能纳米聚合物基复合材料，以及提升纳米复合材料的稳定性和导电性，成为了目前复合材料领域越来越热门的研究主题。在此背景下，导电复合材料逐渐引起研究人员的注意。

传统的提高复合材料导电性的方法多是以结构型高分子材料为基体，与其他导电物质（如银纳米颗粒、银纳米线、石墨烯、碳纳米管、Mxene 等导电纳米材料），通过分散、层积复合等技术进行复合，从而改善复合材料导电性。例如，美国莱斯大学的化学家 James Tour 与材料学家 PulickelAjayan、Rouzbeh-Shahsavari 就共同研发了一种导电性能优异的复合材料，这种材料主要由环氧树脂和石墨烯等一系列高分子聚合物复合而成。但这种结构型导电高分子材料由于结构的特殊性以及制备与提纯的困难，大多还处于实验室研究阶段，获得实际应用的较少，而且用于复合的物质多数为半导体材料。

AuNP-PDMS 复合薄膜作为一种新型导电纳米复合材料，因其综合性能优异，应用与研究与日俱增。我们在前面章节中，已经介绍了基于原位还原法制备的 AuNP-PDMS 复合薄膜。然而该方法制备 AuNP-PDMS 复合薄膜在电学特性上存在一定的不足之处，导致了其在电阻式或电容式生物传感应用中有一定的局限性。如何提高 AuNP‐PDMS 复合薄膜的导电性，是其在生物传感领域应用的有一个亟需解决的关键问题。

因此，笔者在原位还原的基础上，提出结合葡萄糖还原的两步还原法合成新型 AuNP‐PDMS 复合薄膜的技术。这种方法与原位还原法相比，可以在 PDMS 上复合更多的 AuNPs，从而提高 AuNPs 在 AuNP‐PDMS 复合薄膜中的浓度，为电子的传输提供更多的导电通路，这就在很大程度上提高了 AuNP‐PDMS复合薄膜的导电性。这种方法操作简单，制备的 AuNP‐PDMS 复合薄膜在导电性能上明显提高。与传统的方法相比，两步还原法不仅成本低，而且所使用的原料均绿色无污染，更加适合在实际中应用。

本章将主要介绍新型 AuNP‐PDMS 复合薄膜的两步还原法合成技术，以及针对两步合成技术中存在的不足之处，提出了改进方法；对两步还原合成的新型 AuNP‐PDMS 复合薄膜进行表征，并研究了复合薄膜的电学特性。此外，还简单介绍了基于两步还原法与物理混合法的 AuNP‐PDMS 复合薄膜的制备方法。

3.2　AuNP‐PDMS 复合薄膜的两步还原法合成技术

为使 AuNPs 与 PDMS 复合效果更好，电学特性更为明显，笔者引入了两步还原法制备 AuNP‐PDMS 复合薄膜，通过引入额外的还原剂——葡萄糖，生成更多的 AuNPs，与 PDMS 进行结合，这种方法制备的复合薄膜电学特性明显提高，而且还可用于电极的制备，尤其在生物传感应用中，更加容易进行功能化修饰。

3.2.1　AuNP‐PDMS 复合薄膜的两步还原法合成工艺

我们将原位还原与葡萄糖还原结合，形成两步还原法制备新型 AuNP‐PDMS

复合薄膜的方法，过程中用到的主要试剂如表 3-1 所示。

表 3-1　两步还原法使用的主要试剂

名　称	化学式	纯　度	生产厂家
氯金酸	$HAuCl_4 \cdot 4H_2O$	≥99.5%	国药试剂集团有限公司
三甲基氯硅烷	$(CH_3)_3ClSi$	≥99%	国药试剂集团有限公司
盐酸	HCl	分析纯	国药试剂集团有限公司
硝酸	HNO_3	分析纯	国药试剂集团有限公司
浓硫酸	H_2SO_4	分析纯	国药试剂集团有限公司
双氧水	H_2O_2	分析纯	国药试剂集团有限公司
无水乙醇	C_2H_5OH	分析纯	国药试剂集团有限公司
丙酮	CH_3COCH_3	分析纯	国药试剂集团有限公司
异丙醇	$(CH_3)_2CHOH$	分析纯	国药试剂集团有限公司
葡萄糖	$C_6H_{12}O_6 \cdot H_2O$	≥99.5%	国药试剂集团有限公司
碳酸氢钾	$KHCO_3$	≥99.5%	国药试剂集团有限公司
氢氧化钠	$NaOH$	≥97%	国药试剂集团有限公司

　　两步还原法是在原位还原的基础上进行的，所以复合薄膜的第一步还原与第一章中所讲的原位还原法完全一样，在此就不再重复叙述，重点介绍复合薄膜基于葡萄糖的第二步还原方法。详细方法如下：

　　基于原位还原制备方法的结果，我们选用还原时间为 18 h，PDMS 厚度为 26 μm，质量比为 10∶1 条件下制备 AuNP-PDMS 复合薄膜来进行第二步还原。用移液枪准确的量取 0.6 ml 0.1 g/ml 氯金酸酒精溶液，用 5.4 ml 的酒精溶液对其进行稀释，配制成 2 ml 0.01 g/ml 的氯金酸酒精溶液。用移液枪量取 0.3 ml 0.2 g/ml 的葡萄糖去离子水溶液，用 2.7 ml 去离子水将其稀释为 3 ml 的 0.02 g/ml 的葡萄糖溶液。除此之外，还要准确量取 3 ml 的 0.2 g/ml 碳酸氢钾溶液。将所有量取好的溶液全部放入到称量瓶中，混合均匀后配制成体积比为 $V_{氯金酸酒精溶液} ∶ V_{葡萄糖溶液} ∶ V_{碳酸氢钾溶液} = 2∶1∶1$ 的培养液。在配制培养液的时候，切记不可用无水乙醇对碳酸氢钾溶液进行稀释，否则由于碳酸氢钾在酒精中的溶解度低，会导致碳酸氢钠晶体从溶液中析出。配制好培养液后，将之前第一步还原好的 PDMS 薄膜连同衬底一起浸泡在培养液中，保持 5～7 小时后完成 AuNP－PDMS 复合微薄膜的制备，反应方程式如式 3－1 所示。所有的反应过程都应在室温(约 25℃)下进行，否则会因为温度过高导致反应速度太快，使生成的 AuNPs 容易发生团聚，降低 AuNPs 与 PDMS 的复合效果，超出纳米尺寸；而温度太低，则使反应时间太长。制备流程图如图 3－1 所示。

$$2HAuCl_4 + 3HOCH_2(CHOH)_4CHO \longrightarrow 2Au +$$

$$3HOCH_2(CHOH)_4COOH + 8HCl + H_2O \quad\quad (3-1)$$

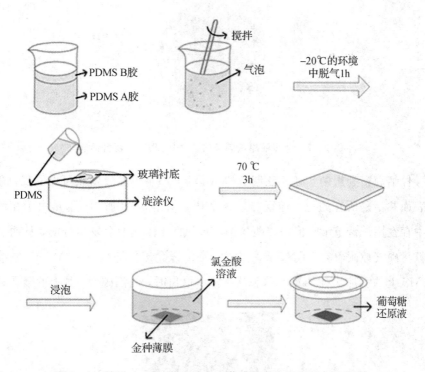

图 3－1　新型 AuNP－PDMS 复合薄膜的两步还原制备流程图

3.2.2　AuNP－PDMS 复合薄膜的光学表征

从图 3－2 中可以看出，在之前第一步还原好的 PDMS 薄膜上覆盖了一层金纳米薄膜。该过程是利用葡萄糖的还原性，通过碳酸氢钾溶液调节 pH 值，还原出金纳米颗粒，并且均匀地分布在 PDMS 薄膜表面上。在反应过程中，反应溶液将会从开始的淡黄色变为淡紫色，这是由于反应液中的金离子被还原成较小颗粒的金纳米粒子存在于液体中。随着反应时间的增加，金纳米粒子将会不断地沉淀在 PDMS 薄膜上。随着 PDMS 薄膜上金纳米颗粒的增多，PDMS 薄膜表面将会由黑色逐渐变为金黄色，这表明 AuNPs 复合薄膜在 PDMS 薄膜表面上的分布具有一个较大的密度。反应 5～7 小时后，培养液中的金离子完全反应并完全复合在 PDMS 薄膜上。

图 3－2　两步还原法制备的 AuNP－PDMS 复合薄膜

　　仔细观察利用两步还原法制备的 AuNP－PDMS 复合薄膜可以发现，在薄膜表面并不是所有的地方均复合有 AuNPs，如图 3－3 所示。这是由于在反应液中存在用于调节 pH 值的碳酸氢钠，其在酸性环境中会发生分解，从而生成二氧化碳气体附着在 PDMS 薄膜表面。而二氧化碳气泡会阻止 AuNPs 继续在 PDMS 上的沉淀。当 PDMS 薄膜从溶液中取出时，气泡破裂，其上的金颗粒就

图 3－3　两步还原法直接制备的 AuNP－PDMS 复合薄膜的表面形貌图

会随气体离开 PDMS 薄膜，从而导致图 3-2 中的情况出现。因此，保证 AuNPs 在 PDMS 表面的均匀分布，也是 AuNP-PDMS 复合薄膜在生物传感应用的关键。

为此，提出如下解决方案：在室温下配制成体积比为 $V_{氯金酸酒精溶液}$: $V_{葡萄糖溶液}$: $V_{碳酸氢钾溶液}$ ＝2∶1∶1的培养液。然后用去离子水配制浓度为 0.01 g/ml 的氢氧化钠溶液。将配制好的氢氧化钠溶液逐滴滴入配制好的培养液中，用 pH 试纸观察溶液的 pH 值。当 pH 值为 9.0 左右时停止滴定。此时，利用冰水混合物将滴定好的培养液降温到 0℃，并保持 20 分钟。然后将 PDMS 薄膜置入培养液中，在 25℃下培养 5～7 小时。图 3-4 为改进后的两步还原法制备的 AuNP-PDMS 复合薄膜。可以发现 AuNP-PDMS 复合薄膜已经完全覆盖 AuNPs，薄膜表面光滑平整。这样的复合薄膜在生物检测应用中才会具有较高的灵敏度。

图 3-4　改进后的两步还原法制备的 AuNP-PDMS 复合薄膜

在实验过程中，需要对玻璃片上的 AuNP-PDMS 复合薄膜进行揭膜操作。但是在这一操作过程中会发现，从玻璃衬底揭下的 AuNP-PDMS 复合薄膜上的 AuNPs 会有所减少，导致 AuNP-PDMS 复合薄膜的导电性能降低，如图 3-5 所示。如果 AuNPs 掉落严重，甚至可以使 AuNP-PDMS 复合薄膜失去电学特性，进而失去在生物传感领域应用的可能性。这是我们所不期望看到的，因此接下来探究如何减少 AuNP-PDMS 复合薄膜上 AuNPs 的掉落。

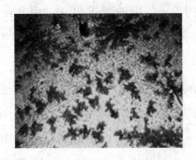

图 3 - 5 揭膜前(左)与揭膜后(右)的光学显微镜图

图 3 - 6 是为了探究在第二步还原中是否会有 AuNPs 进入 PDMS 薄膜中而进行的紫外—可见光吸收光谱测试。在测试过程中将去除第二步还原后的 AuNP - PDMS 复合薄膜表面上的纳米金层，并对其进行紫外—可见光吸收光谱测试，图中短横线曲线为第二步还原后的 AuNP - PDMS 复合薄膜的紫外—可见光吸收光谱。可见，与第一步还原后的 AuNP - PDMS 复合薄膜的紫外—可见光吸收光谱(即虚线)相比，第二步还原后的 AuNP - PDMS 复合薄膜在 550 nm 左右波长处的波峰明显高于第一步还原后的 AuNP - PDMS 复合薄膜在此处的吸收峰，证明第二步还原后的 AuNP - PDMS 复合薄膜中的 AuNPs 较第一步还原后的 AuNP - PDMS 复合薄膜更多。由此可知，PDMS 薄膜在第二步还原时仍有部分 AuNPs 进入 PDMS 薄膜内。造成这种现象的可能原因是 PDMS 薄膜在第一步还原时，其所含有的—Si—H 基团未完全参与反应，仍有

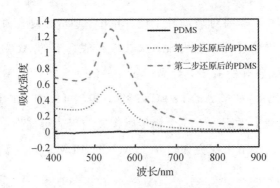

图 3 - 6 第一步还原后与第二步还原后 AuNP - PDMS 复合薄膜的紫外—可见吸收光谱

部分残留在 PDMS 薄膜表面或内部。在之后的第二步还原反应中，氯金酸仍然会渗透进 PDMS 内部，残留的—Si—H 基团将会继续参加反应，生成 AuNPs 嵌入在 PDMS 薄膜中。也有可能是因为乙醇扩散进入 PDMS 薄膜中，AuNPs 随着乙醇的扩散而渗透入 PDMS 薄膜中。

　　图 3－7 是第一步还原后与第二步还原后 AuNP－PDMS 复合薄膜的 EDS 表征结果。从图中可以看出，第一步还原后 AuNP－PDMS 复合薄膜表面的 AuNPs 较少，如图 3－7(a)所示。而当进行完第二步还原后，AuNP－PDMS 复合薄膜表面的 AuNPs 明显曾多，并且在 PDMS 表面均匀分布，如图 3－7(b)所示。

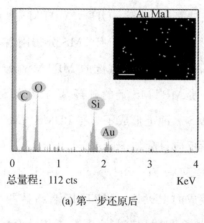

(a) 第一步还原后

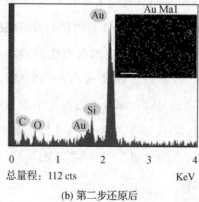

(b) 第二步还原后

图 3－7　AuNP－PDMS 复合薄膜的 EDS 表征图

3.2.3 两步还原法合成 AuNP‑PDMS 复合薄膜的改进

利用两步还原法制备好的 AuNP‑PDMS 复合薄膜，仍然存在一些不足之处，这在之后的电学测试或者生物检测应用中，会对测试结果产生较大的影响。特别是在揭膜时，会导致 AuNP‑PDMS 复合薄膜上 AuNPs 的脱落，使得电阻增大很多，降低复合薄膜用于生物检测的灵敏度。

为解决这个问题，将对未进行还原反应的 PDMS 薄膜用 MPTMS 试剂进行处理。MPTMS 即（3—疏基丙基）三甲氧基硅烷，是一种含硫硅烷，无色透明状液体，对空气和湿度敏感。而 MPTMS 中的甲氧基（CH_3—O—）极其容易与水汽反应，从而水解成硅羟基（—Si—OH），MPTMS 水解后的硅羟基通过与 PDMS 表面的硅羟基形成氢键，使得 MPTMS 分子附着在 PDMS 表面上。用去离子水冲去 PDMS 表面上未形成氢键的 MPTMS 分子，通过加热操作后，再经过脱水缩合反应，使 MPTMS 上的硅羟基与 PDMS 上的形成 Si—O—Si 键，这样就可以在 PDMS 表面上形成了一层 PDMS—MPTMS 自组装膜。两个硅羟基脱水缩合的化学反应过程如下所示。

$$HO—Si + Si—OH \rightarrow Si—O—Si + H_2O \qquad (3-2)$$

通过上述方式组装成的 PDMS‑MPTMS 自组装膜会导致 PDMS 表面具有了—S—H 基团。而这个基团具有与金属粒子相结合的特性。此时当 PDMS 薄膜进行 AuNPs 还原反应时，—S—H 基团就会与形成的 AuNPs 复合薄膜形成 S‑Au 键，从而使 AuNPs 可以稳定地附着在 PDMS 表面，在揭膜过程中，减少了 AuNPs 的掉落。对于组装好的 AuNP‑PDMS 复合薄膜进一步使用 MPTMS 酒精溶液对其进行处理，则将不会在此引起 AuNPs 的重组。这样说明通过 MPTMS 的处理，不仅改变了 AuNPs 之间的相互作用方式，同时也改变 AuNPs 与 PDMS 表面之间的相互作用方式。图 3‑8 为 AuNP‑PDMS 复合薄膜的 MPTMS 处理过程。

具体制备过程：将制作好的 PDMS 薄膜完全浸泡在 MPTMS 酒精溶液中；待 24 小时后从中取出，以保证 PDMS 薄膜表面的硅羟基与 MPTMS 完全反应；用去离子水将 PDMS 薄膜表面的未反应的 MPTMS 冲去；然后依次进行两步还原反应即可。

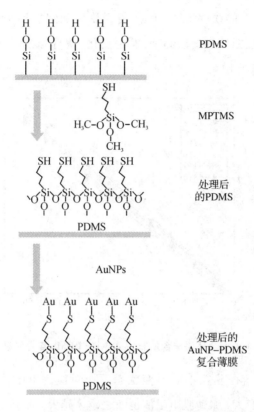

图 3‐8   MPTMS 对 PDMS 修饰原理图

3.3 两步还原法合成 AuNP‐PDMS 复合薄膜的电学测试

在电学测试过程中，利用气体压力源对 AuNP‐PDMS 复合薄膜施加气压。操作过程中先关闭放气阀，通过顺时针旋转微调阀，每次增加 1 kPa 的气压，直到气压为 6 kPa 时停止加压，利用半导体分析仪测量其 I‐V 特性曲线。在整个测试过程中，需要将测试的仪器及 AuNP‐PDMS 复合薄膜完全放入屏蔽箱中，在其中完成所有操作，以避免的外界电磁干扰对测试造成影响，保证实验过程的精确性和实验结果的准确性。如图 3－9 所示为此次测量过程中得到的 I－V 特性曲线。从图中可以看出，当压力在 0～4 kPa 时，复合微薄膜的 I－V曲线表现出较好的线性特性，但是当气压增加到 5 kPa～6 kPa 时，复合微薄膜的 I－V 特性曲线在 50 mV 时发生变化，使得 50 mV～500 mV 之间的 I－V 曲线的斜率有所增大。

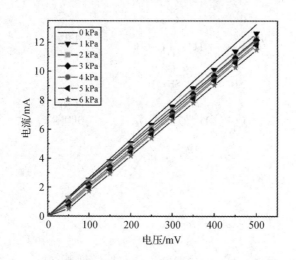

图 3－9　不同气压下的两步还原法合成新型 AuNP－PDMS 复合薄膜的 I－V 特性曲线

图 3－10 为复合薄膜在不同形变状态下所对应的电阻值，观察其变化趋势，中心形变逐渐变大，微薄膜电阻值也随之越来越大，而且随着中心形变的增大，相邻两次测量的电阻值之差有减小的趋势。由此可以看出，AuNP－PDMS 复合薄膜在一定的范围内具有较好的灵敏度。超出这个范围，复合薄膜的灵敏度将会降低很多，失去研究价值。这是由于在复合微薄膜受外力而发生形变时，会导致 AuNP－PDMS 复合薄膜表面的金层发生开裂，产生很多细微的裂纹，随着压力的增大，复合薄膜形变程度加深，金层的断裂也会随之增多，同时裂纹之间的距离也会有所增加。但是金层的断裂并不表示金颗粒之间不存在接触，这就为电荷的传导提供了通路。但是随着裂纹数量的增多，电荷的通路越来越少，使得电荷的传递越来越困难。因此 AuNP－PDMS 复合薄膜在发生形变时，电阻值会有所变大。

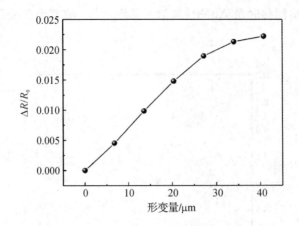

图 3 - 10　两步还原法合成新型 AuNP - PDMS 复合薄膜在不同气压下电阻值的变化曲线

　　我们还研究了温度对两步还原法合成新型 AuNP - PDMS 复合薄膜电学特性的影响。在本项测试中，采用恒温恒湿箱，该仪器采用数字显示的微电脑温度控制器，带有定时功能，控温精确度可靠，具有独立的限温报警、自动中断系统，保证实验可以安全的进行而且不会发生意外，除此之外，其操作简单，温度容易控制，受外界影响较小，为实验的进行提供方便可靠的条件。我们将两步还原法合成的新型 AuNP - PDMS 复合薄膜连接好测量导线后，将其置于恒温恒湿箱中，关好箱门。在未进行加热前，测量复合薄膜室温下的电阻特性。然后设置温度为 20℃，当指示灯熄灭时，说明恒温箱中温度已经升到 20℃，但是由于存在余热，刚达到恒温时可能会出现温度继续上升的现象，不过很快会趋于稳定。还应注意的是恒温箱中温度升到所需温度时，复合薄膜的温度并没有达到所需要的温度，需等待 5 分钟，然后对其电阻进行测量。在之后的测试中，每次升温 10℃，直到 120℃时停止升温，结束全部测量。

　　从图 3 - 11 中可以看出，AuNP - PDMS 复合薄膜的电阻随着温度的升高在不断增大，虽然有部分测量点出现有降低的现象，但是基本上是符合线性关系的，复合薄膜表现为正温度系数。初步分析出现该现象的原因是复合薄膜表面的金层中 AuNPs 密度较大，致使复合薄膜表面具有了金属的热属性。因为温度升高，AuNPs 的热振动会有所加强，振动的幅度加大，AuNPs 之间存在的自由电子定向漂移时与 AuNPs 碰撞的几率增加，故其电阻会随温度升高有所增加。

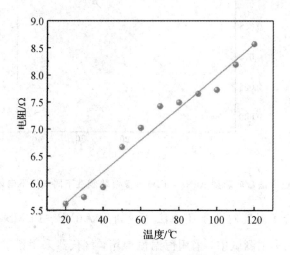

图 3‐11　**AuNP‐PDMS 复合薄膜电阻随温度的变化曲线**

3.4　AuNP‐PDMS 复合薄膜的其他合成技术

除了原位还原法和两步还原法之外，我们还探索了物理混合法结合两步还原法来合成新型 AuNP‐PDMS 复合薄膜。但是这种方法合成的复合薄膜，除导电性有所增强外，制备成本明显增大，尤其物理掺杂 AuNPs 后，对 AuNP‐PDMS 复合薄膜的杨氏模量影响较为明显，并不适合应用于生物传感领域，与其他复合材料相比也并不占优势。因此在本节，我们只对这种合成方法进行简单的介绍，不会进行深入的探究。但希望这种合成新型 AuNP‐PDMS 复合薄膜的技术可以被广大读者所知，并将其应用于其它领域，发挥它该有的价值。下面就对物理混合法结合两步还原法的新型 AuNP‐PDMS 复合薄膜合成技术进行简单介绍。主要合成过程如下：

（1）AuNPs 的制备：称取 0.1 g 柠檬酸钠溶于 10 ml 去离子水中配制成

0.01 g/ml 的柠檬酸钠水溶液。用移液枪量取 0.3 ml 0.1 g/ml 的氯金酸溶液于烧杯中，加入 2.7 ml 的去离子水配制成 0.01 g/ml 的氯金酸溶液。在烧杯中量取 40 ml 去离子水，在恒温水浴锅中于 70℃ 水温下加热 20 min。之后用移液枪分别量取之前配制好的 0.01 g/ml 的柠檬酸钠水溶液 4 ml、0.01 g/ml 的氯金酸溶液 2 ml，分别加入 40 ml 去离子水中，再继续加热 10 min。在反应过程中可以看到，反应液从最开始的淡黄色逐渐变为黑色，再随着反应时间的增加，最后变为酒红色。

（2）AuNPs 酒精胶体的制备：由于 PDMS 溶于酒精而不溶于去离子水，因此将制备好的 AuNPs 水溶胶体转换为金纳米颗粒酒精胶体，这样有利于 AuNPs 与 PDMS 混合均匀。实验步骤为将制备好的 AuNPs 水溶胶体装入 4 ml 离心管中，在 12 000r/min 的转速下离心 30 min。用移液管移去上层清液。然后加入酒精恢复至原来的体积，在超声波清洗器中超声 3 min。继续以 12000 r/min 的转速下离心 30 min，用移液管移去上层清液，以尽可能地去除胶体中的去离子水。

（3）直接混合法制备复合薄膜：称取 1 g 的 PDMS A 胶，向其中加入 1 g 制备好的 AuNPs 酒精胶体，用磁力搅拌机搅拌 2 小时后，加入 0.1 g 固化剂，再次进行搅拌，直到无较大气泡且气泡分布均匀，则表明 PDMS 已经混合均匀。然后利用真空干燥箱对其进行抽真空，去除 PDMS 中的气泡。在玻璃衬底上，用旋涂仪在 2000 r/min 转速下旋涂 60 s，在 70℃ 温度下烘干 4 小时，即可完成金纳米颗粒在 PDMS 中的掺杂。

（4）两步还原：将掺杂有 AuNPs 的薄膜进行两步还原。两步还原的方法在 3.2.3 小节有详细介绍，在此不再赘述。

本 章 小 结

本章通过旋涂仪进行 PDMS 薄膜的制备，应用两步还原的方法成功合成新型 AuNP-PDMS 复合微薄膜。在该反应过程中首先利用 PDMS 固化剂的还原性进行第一步还原，利用葡萄糖的还原特性进行第二步还原，并通过沉淀过程使 AuNPs 进一步地附着在 PDMS 表面以增强导电性。对复合薄膜制备过程中出现的表面存在气泡、金掉落等问题，提出一些可靠的解决办法。除此之外，还提出了基于物理混合法和两步还原法结合使用的新型 AuNP‑PDMS 复合微薄膜合成技术。

第三章　图片资源

第四章　AuNP‑PDMS复合薄膜基于物理吸附的表面应力生物传感应用

4.1　引　言

　　柔性生物传感器可以实现人机智能交互,使人们可以实时了解自身的健康状况进行,是具有重要创新点的科学技术,已经作为各个国家战略性新兴产业被广泛研究。表面应力生物传感器是近几年发展起来的一种新型生物传感器,通过使用柔性薄膜材料,可被发展成为柔性电子器件[140],服务于人类健康监测。因此,柔性表面应力生物传感器表现出了重要的研究意义和市场价值,柔性敏感单元也成为了生物传感领域的研究热点。

　　AuNP‑PDMS复合薄膜已经被证明具有良好的生物适应性和柔韧性,可用于生物传感器研究,实现叶绿素、人血清白蛋白(HSA)、免疫球蛋白(IgG)等多种生物分子与细胞的检测,是制备柔性表面应力生物传感器分子识别单元的理想材料。Sang等人[52]利用AuNP‑PDMS复合薄膜设计了柔性电容式表面应力生物传感器,该生物传感器利用金黄色葡萄球菌与复合薄膜的物理吸附作用产生表面应力以导致传感器电容发生变化的原理,实现了细菌的检测,灵敏度可达0.73 fF/bacterium;通过将表面应力生物传感器与介电泳装置相结合,实现了血红细胞检测,并且能够将活/死红细胞进行分选[53]。Sang等人[54]同样利用AuNP‑PDMS复合薄膜制备电容式表面应力生物传感器,通过对传感器羧基化处理,使得血红蛋白可以通过静电吸附的方式与传感器进行结合,实现血红蛋白的检测。以上这些基于电容信号测量的柔性传感器易受测量环境的干扰,这是因为环境温度、湿度的变化对空气介电层影响明显,使测量结果容易出现误差。本章基于单层型 AuNP-PDMS 复合薄膜,制备了电阻式柔性表面应力生物传感器,并对传感器进行修饰,使传感器通过与生物分子的物理吸附作用产生表面应力,实现对生物分子的检测。这种传感器可以有效避免环境因素对传感器测量准确度的影响,具有较高的抗干扰能力。

本章基于 AuNP-PDMS 复合薄膜可控制备方法,利用物理吸附产生表面应力的原理,设计并制备了基于单层型 AuNP-PDMS 复合薄膜的柔性表面应力生物传感器,并对传感器结构进行优化与改进;本章同时研究了表面应力生物传感器的传感机制;搭建了表面应力生物传感器的测试系统;最后利用物理吸附产生表面应力的方法,介绍了 AuNP-PDMS 复合薄膜对葡萄糖、牛血清白蛋白(BSA)和大肠杆菌($E.\ coli$)的生物传感应用。

4.2 AuNP-PDMS 复合薄膜表面应力生物传感器的制备工艺

图 4-1 展示了基于单层型 AuNP-PDMS 复合薄膜的表面应力生物传感器的制备过程,具体制备步骤如下所述。

(1) 玻璃仪器的清洗与疏水性处理:首先将玻璃仪器浸泡于浓硫酸和过氧化氢的混合溶液中(体积比为 3∶1),清洗 20 分钟后取出,用去离子水冲洗 2~3 次。在超声环境中,玻璃仪器依次浸泡于丙酮和异丙醇中 3 分钟,之后分别用无水乙醇和去离子水冲洗 2~3 次,接着用氮气吹干。最后,将玻璃衬底用 TMCS 疏水化处理 20 分钟,便于 PDMS 薄膜从玻璃上取下。

(2) PDMS 薄膜的制备:首先将 PDMS A 胶与 B 胶按质量比为 10∶1 的比例进行混合,配制成胶体。用玻璃棒搅拌均匀后,将 PDMS 在 −20℃ 的冰箱中静置 1 小时,去除气泡;利用甩胶机,将 PDMS 以 2000 r/min 的转速,旋涂在玻璃片上,在 70℃ 的鼓风干燥箱中加热 4 小时,使 PDMS 完全固化。

(3) PDMS 衬底的制备:将 PDMS 胶体倒入培养皿中,在 70℃ 的鼓风干燥箱中加热 6 小时，以制备厚度为 3 mm 的 PDMS 衬底。利用圆形和方形打孔器，在 PDMS 衬底上分别打孔，使得 AuNP‐PDMS 敏感薄膜可在表面应力的作用下产生形变。

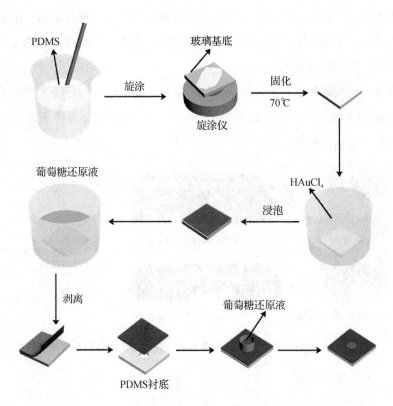

图 4‐1 基于单层型 AuNP‐PDMS 复合薄膜的
表面应力生物传感器的制备流程

（4）单层型 AuNP‐PDMS 复合薄膜的制备：将固化的 PDMS 薄膜浸泡在浓度为 0.01 g/mL 的氯金酸乙醇溶液中 18 小时，然后取出再用去离子水冲洗干净。

（5）AuNP‐PDMS 复合薄膜的转移与固定：将制备好的 AuNP‐PDMS 复合薄膜从玻璃衬底上剥离，转移到 3 mm 厚的 PDMS 衬底上。复合薄膜与衬底之间用 PDMS 胶体粘接，并在 70℃温度下加热固化。

（6）聚乙烯管的固定：在 5 mm 长的聚乙烯管截面涂抹 PDMS 胶体，并与

PDMS 衬底上的通孔对齐后，在 70℃温度下加热固化，便于滴加不同浓度的待测物溶液。

（7）将浓度为 0.01 g/mL 的氯金酸溶液，浓度为 0.02 g/mL 的葡萄糖溶液和浓度为 0.2 g/mL 的碳酸氢钾溶液按体积比为 2∶1∶1进行混合，配制成葡萄糖还原液。将葡萄糖还原液加入聚乙烯管中 4 小时后，去除还原液，用去离子水清洗干净，再用氮气吹干。

将制备完成的传感器放置于 4℃的冰箱中备用，防治被污染和损坏。如图 4－2 所示为未固定聚乙烯管的单层型 AuNP－PDMS 复合薄膜表面应力生物传感器及其结构示意图。

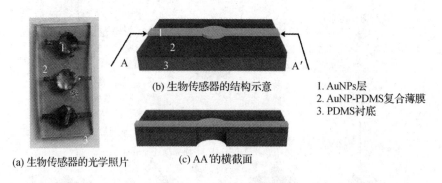

(b) 生物传感器的结构示意

1. AuNPs层
2. AuNP-PDMS复合薄膜
3. PDMS衬底

(a) 生物传感器的光学照片   (c) AA'的横截面

图 4－2   单层型 AuNP－PDMS 复合薄膜表面应力生物传感器的实物图与结构示意

4.3 传感器的改性与结构优化

生物传感器用于生物检测，首先需要对传感器的分子识别单元进行改性，使传感器对生物分子或细胞具有亲和性。本章在研究单层型 AuNP－PDMS 复合薄膜对葡萄糖和大肠杆菌的传感特性时，使用了 16—巯基十六烷酸（16－MHA，上海生工生物工程股份有限公司产）对表面应力生物传感器进行修饰，使得目标生物分子可以与传感器结合。

使用数字源表（K2400，美国 Keithley 公司产）和计算机构建测试系统，如图4-3所示。我们首先研究了 16 - MHA 修饰过程中传感器的电阻变化情况。

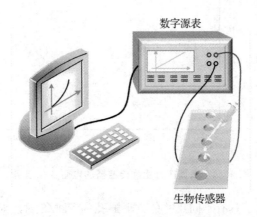

数字源表

生物传感器

图 4 - 3　生物传感器的测试系统

图 4 - 4 为 16 - MHA 对生物传感器表面改性过程中,传感器电阻的实时响应曲线图。从图中可以看出,在 0~2 min 内,传感器电阻迅速增加;而在 2~26 min 内,传感器电阻开始逐渐减小。表明在初始阶段,16 - MHA 的重力对传感器的电阻变化起主要作用;随后,电阻逐渐减小。这表明 16 - MHA 与 AuNPs 结合形成 Au—S 键,产生与重力方向相反的表面应力。到 26 min 后,电阻又逐渐增大,表明此时 16 - MHA 与 AuNPs 结合产生的表面应力大于溶液重力,AuNP - PDMS 敏感薄膜从"凹"形变逐渐变成"凸"形变。在 32 min 后,电阻趋于稳定,表明表面应力不再变化。综上所述,基于单层型 AuNP - PDMS复合薄膜的生物传感器对表面应力敏感。

对于这种方法制备的表面应力生物传感器,PDMS 衬底通孔的形状和大小决定了 AuNP - PDMS 敏感薄膜的有效工作区域,也直接影响生物传感器对分子检测的灵敏度和准确度。为了优化传感器的结构与参数,制备出高性能表面应力生物传感器,我们使用 16 - MHA 分别修饰具有不同尺寸的方形通孔和圆形通孔衬底的传感器,并在 35 min 后,测量并计算出传感器的相对电阻变化。然后通过比较传感器的电阻变化情况,确定 PDMS 衬底的最优参数和结构。

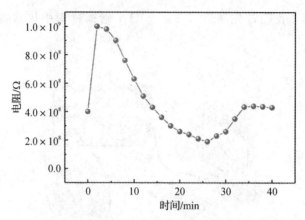

图 4－4   表面应力生物传感器的电阻变化趋势

　　我们首先研究了具有不同尺寸的方形通孔的 PDMS 衬底对表面应力生物传感器性能的影响，关系曲线如图 4－5 所示。从图中可以看出，方形通孔的边长变长时，传感器的相对电阻变化呈现出先增大后减小的趋势。通孔边长为 5 mm 时，传感器的相对电阻变化最大。这一结果表明，当 AuNP－PDMS 复合薄膜具有 5×5 mm^2 的方形工作区域时，生物传感器对表面应力表现出最高的灵敏度。

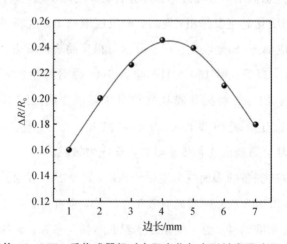

图 4－5   修饰 16－MHA 后传感器相对电阻变化与方形衬底通孔尺寸的关系曲线

　　图 4－6 为修饰 16－MHA 后传感器相对电阻变化与衬底圆形通孔尺寸的关系曲线，从图中可以看出具有不同尺寸的圆形通孔的 PDMS 衬底对表面应力生物传感器性能的影响。传感器的相对电阻变化随着圆形通孔直径的增大呈

现出先增大后减小的变化趋势。当 PDMS 衬底具有 4 mm 直径的圆形通孔时，传感器的电阻变化最明显。结果表明，当 AuNP – PDMS 复合薄膜具有 4 mm 直径的圆形工作区域时，生物传感器的性能最好。

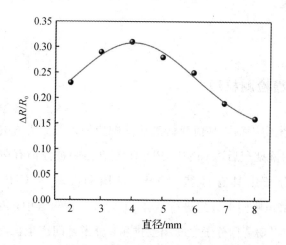

图 4-6　修饰 16－MHA 后传感器相对电阻变化与衬底圆形通孔尺寸的关系曲线

图 4-7 的对比直方图表明了 4 mm 直径的圆形通孔和 5 mm 边长的方形通孔衬底对表面应力生物传感器性能的影响。从图中可以明显地看到，与 5 mm 边长的方形通孔相比，4 mm 直径的圆形通孔使得传感器的电阻变化更加明显。结果表明，传感器的最优结构为圆形通孔衬底，通孔的最优尺寸为 4 mm。

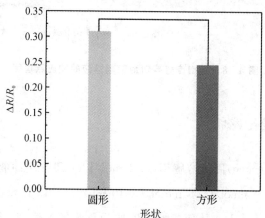

图 4-7　表面应力生物传感器相对电阻变化的对比直方图

4.4 AuNP – PDMS 复合薄膜用于葡萄糖传感

4.4.1 葡萄糖检测机理

图 4 – 8 为生物传感器对葡萄糖溶液的响应原理图。从图中可以看出，利用 16 – MHA 溶液处理后，AuNP – PDMS 复合薄膜被修饰有羧基（—COOH）基团。葡萄糖分子中具有羟基（—OH）基团和醛基（—CHO）基团，可与 —COOH 通过静电吸附的方式进行结合。在静电吸附过程中，传感器表面的电荷发生改变，使得葡萄糖分子之间相互排斥，分子之间产生扩散的趋势，进而在传感器表面产生压应力，导致 AuNP – PDMS 复合薄膜产生"凸"形变。形变导致 AuNPs 之间的距离增加，电子的导电通路减少，复合薄膜的电阻变大。

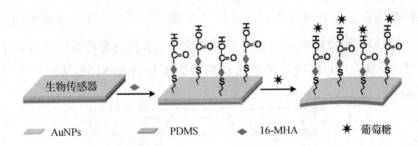

图 4 – 8 生物传感器对葡萄糖溶液的响应原理图

4.4.2 葡萄糖传感特性

将葡萄糖（glucose）固体溶解于 0.01 mol/L 的 PBS 缓冲液中，配制浓度为 0.05 mmol/L、0.5 mmol/L、5 mmol/L、10 mmol/L、15 mmol/L、20 mmol/L、25 mmol/L 和30 mmol/L 的葡萄糖溶液作为待测样本溶液。分别取 10 μL 待

测溶液滴加至传感器上，在室温下进行测试。

图 4-9 是生物传感器对不同浓度的葡萄糖溶液的响应特性曲线，对传感器的电阻与葡萄糖的浓度进行线性拟合。结果表明，在 0～30 mmol/L 的浓度范围内，传感器的电阻与葡萄糖的浓度成正线性关系，线性方程式为 $\Delta R/R_0 = 0.0267C_{glucose} + 0.0001(R^2 = 0.9822)$ 表示，检测极限为 1.25 mmol/L。在相同的测试条件下，每一个浓度的葡萄糖溶液均被重复测试 10 次。结果发现，测试的最大误差为 1.56×10^6 Ω，远小于传感器的测量电阻，这说明传感器具有良好的稳定性。与现有的一些葡萄糖检测方法比较，基于单层型 AuNP–PDMS 复合薄膜表面应力生物传感器对葡萄糖的检测极限更低。因此，基于单层型 AuNP–PDMS 复合薄膜可以实现对葡萄糖分子的检测。

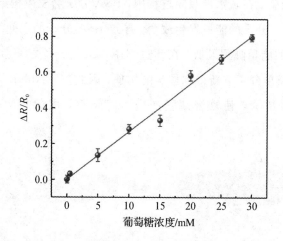

图 4-9　生物传感器对不同浓度的葡萄糖溶液的响应曲线

4.5　AuNP–PDMS 复合薄膜用于 BSA 传感

肾病是一个全球性的健康问题，对人类生命构成了严重威胁。尿液中的人血清蛋白（Human Serum Albumin, HSA）的浓度超过 30 μg/mL 时就变成了微量白蛋白尿，微量白蛋白尿是肾病的早期信号。肾小球病变的严重程度可从尿液中的 HSA 浓度来推断，因此检测尿液中的 HSA 含量具有重要意义。由于 BSA 结构与 HSA 具有同源性，因此，BSA 常在实验中代替 HSA 来进行相关实验。

4.5.1　BSA 检测机理

图 4‐10 展示了表面应力生物传感器对 BSA 的响应机理。由于 AuNP‐PDMS 复合薄膜具有疏水性界面，BSA 分子可以通过疏水性吸附作用附着在生物传感器的表面[55]。一般情况下，疏水基团被包裹在生物分子内部，不利于分子的疏水性吸附。在疏水性吸附过程中，BSA 分子会发生构象改变，使疏水性基团暴露在外，分子的能量发生改变，导致 BSA 分子的空间结构重新排列，使得 BSA 分子的能量降到最低。在此过程中，BSA 分子之间会产生吸引力而相互聚集，使 BSA 分子重新得到稳定的构象。因此，在 AuNP‐PDMS 复合薄膜表面会产生张应力，使复合薄膜产生"凹"形变，引起生物传感器的电阻变化。

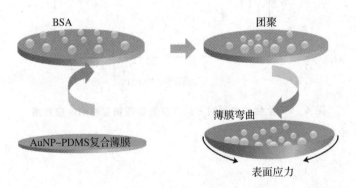

图 4‐10　AuNP‐PDMS 复合薄膜对 BSA 的响应示意

4.5.2　BSA 分子吸附表征

利用荧光显微镜(DM3000，德国徕卡)，在 520～530 nm 的发射光波长下，观察 FITC 标记的 BSA 分子在生物传感器表面的吸附结果，如图 4 - 11(a)～(c)所示。从图中可以清楚地看到，吸附有 BSA 的生物传感器表面在荧光显微镜视野中显示出亮绿色；而没有吸附 BSA 的表面则没有激发荧光。另一方面，较高浓度的 BSA 溶液使得传感器表面的绿色荧光点数更加密集。结果表明，BSA 分子可以通过疏水性吸附与生物传感器表面进行结合。图 4 - 11(d)是吸附有 BSA 分子的 AuNP - PDMS 复合薄膜表面的 SEM 图。从图中可以发现，BSA 分子密集地分布在传感器表面。与图 2 - 15(a)的 SEM 图相比，图 4 - 11(d)进一步证明了 BSA 分子成功吸附到了 AuNP - PDMS 复合薄膜表面。

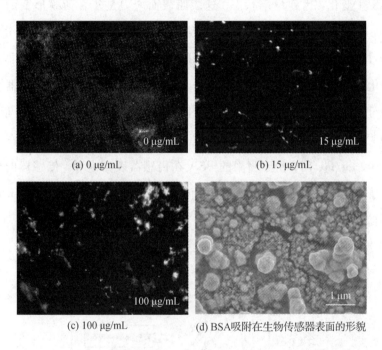

(a) 0 μg/mL　　　　　　　　(b) 15 μg/mL

(c) 100 μg/mL　　　　(d) BSA吸附在生物传感器表面的形貌

图 4 - 11　不同浓度的 FITC－BSA 在生物传感器表面的荧光图像

4.5.3　BSA 传感特性

将 BSA 固体溶解于浓度 0.01 mol/L 的 PBS 缓冲液中，分别配制浓度为 15 μg/mL、20 μg/mL、25 μg/mL、50 μg/mL、100 μg/mL、200 μg/mL 和 300 μg/mL 的BSA 溶液作为待测样本溶液。分别取 10 μL 溶液，用传感器在室

温下进行检测。图 4－12 是表面应力生物传感器对不同浓度的 BSA 溶液的动态响应曲线。从图中可以看出，当 BSA 溶液被注入到传感器表面时，由于 BSA 溶液的重力作用，传感器电阻迅速变大。之后 BSA 溶液会逐渐挥发，使得重力减小，传感器电阻变化逐渐变小。同时在传感器表面，由于 BSA 分子的疏水性吸附作用，会产生与重力方向一致的表面应力。溶液的重力与表面应力协同作用，导致复合薄膜产生形变，使传感器的电阻增加。在 15 分钟以后，待测溶液完全蒸发完，未吸附的 BSA 分子的重力可以忽略不计，此时传感器电阻不再发生变化，达到稳定状态。这表明表面应力是复合薄膜形变的主要因素，且在电阻变化中起主要作用，传感器对 BSA 的响应时间为 15 分钟。图 4－12 还显示，BSA 溶液浓度从 0 μg/mL 升高到 100 μg/mL 时，传感器的相对电阻变化从 0 增加到 0.036。这是由于 BSA 浓度升高，吸附于传感器表面的 BSA 分子增多，表面应力增大，AuNP－PDMS 复合薄膜的形变量增加，AuNPs 之间的导电通路减少，导致传感器电阻变化更加明显。当 BSA 溶液浓度高于 100 μg/mL 时，由于吸附的 BSA 在传感器表面饱和，传感器的电阻变化不明显。该实验结果表明，表面应力传感器在 0～100 μg/mL 的 BSA 浓度范围内具有较高的灵敏度。

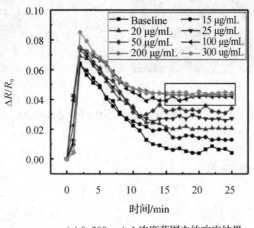

(a) 0～300 μg/mL 浓度范围内的响应结果

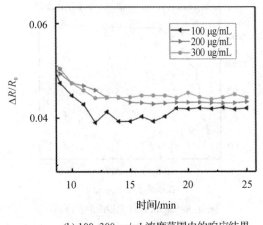

(b) 100~300 μg/mL浓度范围内的响应结果

图 4‑12 表面应力生物传感器对不同浓度的 BSA 溶液(10 μL)的动态响应曲线

接下来研究生物传感器对不同浓度的 BSA 溶液的生物传感特性,生物传感器对 BSA 浓度响应的校准曲线如图 4‑13 所示。在相同的实验条件下,BSA 溶液在传感器上保持 15 分钟以后,生物传感器对每一浓度的 BSA 溶液进行 10 次检测,其相对标准偏差(RSD)均小于 4.23%。结果表明,BSA 检测过程中的实验误差可控,且基于 AuNP‑PDMS 复合薄膜的生物传感器对 BSA 检测表现出良好的重复性和稳定性。从图 4‑13(b)可以看出,在 15~50 μg/mL 浓度范围内,传感器的相对电阻变化与 BSA 的浓度呈线性关系,线性方程可以用 $\Delta R/R_0 = 0.0006 C_{BSA} + 0.0051$ 表示($R^2 = 0.9822$)。当 BSA 浓度超过 100 μg/mL 时,虽然生物传感器对 BSA 的浓度具有线性响应,但是灵敏度较低。在线性检测范围内,利用式(4‑1),可以计算得到传感器对 BSA 的检测极限为 2.06 μg/mL。因此,基于单层型 AuNP‑PDMS 复合薄膜可以实现对 BSA 分子的检测。

$$LOD = 3\frac{\sigma}{S} \tag{4‑1}$$

其中 σ 是基线的相对电阻变化的标准误差,S 是线性曲线的斜率。

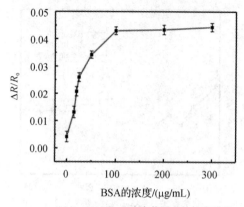

(a) 0~300 μg/mL 浓度范围内的校准曲线

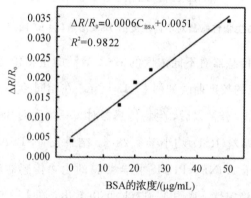

(b) 低BSA浓度(0~50 μg/mL)下生物传感器的线性响应曲线

图 4‑13　生物传感器对 BSA 浓度响应的校准曲线

注：校准曲线均是在室温下（BSA 在传感器上保持 15 分钟）去除缓冲液后测得的传感器相对电阻变化

4.6　AuNP‑PDMS 复合薄膜用于 *E.coli* 传感

　　细菌污染广泛存在于我们日常生活中，无论是水资源、食品，还是畜牧业中，细菌的污染都会产生巨大的危害。因此，设计一种操作简单、成本低廉的生物传感器用于细菌的检测是很必要的。而新型 AuNP‑PDMS 复合薄表面应力生物传感器在这些方面表现出了一定的优势，也在细菌检测中具有潜在的应用价值。

4.6.1　*E. coli* 检测机理

E. coli 具有细胞结构，含有细胞膜。细胞膜中包含有大量的磷脂、胆固醇、氨基酸等有机物，使得 *E. coli* 表面具有大量的一OH 基团和氨基(－NH₂)基团。*E. coli* 可以在静电吸附作用下，附着于 16 - MHA 修饰的传感器表面。因此，表面应力生物传感器检测葡萄糖的机理，同样适用于检测 *E. coli*。

4.6.2　*E. coli* O157：H7传感特性

将 *E. coli* O157：H7放置于 Luria Bertani 培养基中，在 37℃的细胞培养箱(HERAcell150i，美国 Thermo 公司)中培养 12 h。之后，将 *E. coli* 培养基以 5000 r/min 的速度离心 2 h 后，只保留离心管底部沉淀物。加入生理盐水至原体积，再次进行离心并移去上清液，使 *E. coli* O157：H7在生理盐水中形成悬浮液。最后加入生理盐水至原体积，此时 *E. coli* O157：H7 的浓度约在 $10^3 \sim 10^7$ CFU/mL之间，利用生理盐水，对 10^8 CFU/mL 的 *E. coli* O157：H7 悬浮液进行 10 倍浓度梯度的稀释，并在室温下进行检测。图 4 - 14 是传感器对不同浓度的 *E. coli* O157：H7的动态响应曲线。在 *E. coli* 悬浮液滴加至传感器表面时，溶液的重力对复合薄膜的形变起主要作用，导致了复合薄膜的电阻变化。随着 *E. coli* 在传感器表面吸附浓度的升高，表面应力增加，并逐渐超过重力。在 5 min 时，传感器的电阻变化趋于稳定，表明传感器对 *E. coli* 的响应时间约为 5 min。对比不同浓度的 *E. coli* 的动态响应曲线，可以看出，*E. coli* 浓度从 0 CFU/mL 升高到 10^7 CFU/mL 时，传感器的相对电阻变化从 0 增加到 0.05。这是由于 *E. coli* 浓度越高，吸附于传感器表面 *E. coli* 越多，产生的表面应力也就越大，复合薄膜的形变更加明显，导致传感器电阻变化更大。因此，单层型 AuNP - PDMS 复合薄膜传感器可以实现 *E. coli* O157：H7的检测。

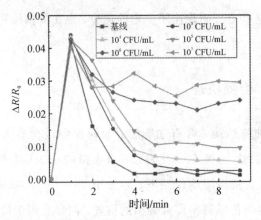

图 4 - 14　表面应力生物传感器对不同浓度的 *E. coli* O157∶H7的动态响应曲线

图 4 - 15 为生物传感器对 *E. coli* O157∶H7响应的校准曲线。通过曲线拟合可以发现，在 $10^3 \sim 10^7$ CFU/mL 浓度范围内，生物传感器的相对电阻变化与 *E. coli* O157∶H7浓度的对数呈线性关系，线性方程可以表示为 $\Delta R/R_0 = 0.00714 \log C_{E. coli} - 0.0202$ $(R^2 = 0.96971)$。传感器的检测极限为 10^3 CFU/mL。在相同的测试条件下，对不同浓度的 *E. coli* 进行 5 次平行实验，即将同一浓度的 *E. coli* 溶液分别用 5 个相同的传感器进行测试。结果显示，测试的标准误差均可控，均小于 8.62%，表明传感器对 *E. coli* O157∶H7的检测具有良好的稳定性和可重复性。因此可以得出，单层型 AuNP - PDMS 复合薄膜表面应力生物传感器在细菌检测中表现出良好的生物传感特性。

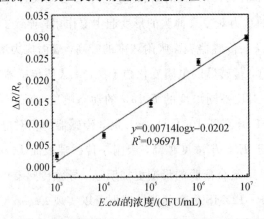

图 4 - 15　表面应力生物传感器对 *E. coli* O157∶H7(10 μL)响应的校准曲线

本 章 小 结

本章提出基于物理吸附产生表面应力的生物测试方法，使基于单层型 AuNP－PDMS 复合薄膜对葡萄糖、BSA 和 *E.coli* O157：H7表现出良好的生物传感特性；通过优化生物传感器的结构与参数，提高了生物传感器的灵敏度。本章还研究了表面应力的产生机理和作用方式，拓宽了表面应力生物传感器的应用领域。本章给出的主要研究结论如下：

（1）基于第二、三章的制备方法，以单层型 AuNP－PDMS 复合薄膜为生物分子识别单元，3 mm 厚的 PDMS 为衬底，制备了表面应力生物传感器并搭建了电学测试系统；通过修饰 16－MHA，实现生物传感器表面的改性，制备的生物传感器对表面应力敏感；优化表面应力生物传感器的结构为 4 mm 直径的圆形通孔衬底。

（2）利用 16－MHA 将传感器表面羧基化，使葡萄糖分子通过静电吸附的方式附着在传感器表面，产生表面应力，实现了葡萄糖的检测。结果表明 AuNP－PDMS 复合薄膜对葡萄糖表现出很好的生物传感特性；在 $0\sim$ 30 mmol/mL 的浓度范围内，随着葡萄糖浓度的升高，复合薄膜的电阻线性增加；生物传感器对葡萄糖的检测极限为 1.25 mmol/L。

（3）通过疏水性吸附，BSA 分子成功附着在生物传感器表面。通过分子构象的改变产生表面应力，实现传感器对 BSA 分子的检测。测试结果表明，AuNP－PDMS 复合薄膜对 BSA 具有良好的响应特性；在 $15\sim100\ \mu g/mL$ 的浓度范围内，复合薄膜的相对电阻变化与 BSA 浓度呈线性关系，检测极限为 $2.06\ \mu g/mL$。

（4）*E.coli* 通过静电吸附作用附着在 16－MHA 改性的传感器表面，从而实现对 *E.coli* 的检测。结果表明，AuNP－PDMS 复合薄膜对 *E.coli* 表现出良好的生物传感特性；在 $10^3\sim10^7\,CFU/mL$ 的浓度范围内，生物传感器的相对电阻变化与 *E.coli* 浓度的对数呈线性关系，检测极限为 $10^3\,CFU/mL$。

　　需要注意的是本章检测生物分子的方法存在一个不足之处，即传感器不具备特异性，只可以用于样品纯度或者基质简单的样品进行检测。如需实现复杂样品的检测，还需对传感器进行功能化修饰，这些内容将在后面几章进行介绍。

第四章　图片资源

第五章 AuNP‑PDMS 复合薄膜的特异性表面应力生物传感应用

5.1 引　言

随着生活质量的提升，人们越来越注重身体健康和饮食安全，要求分析检测技术可以快速、准确地实现疾病诊断和食品安全性评估。在复杂基质中，实现目标生物分子的检测已经成为满足人们生活需求的重要途径，也是医药产业和生物传感领域的重点研究方向。在对复杂样品如血液中的癌症标记物、血糖，尿液中的尿蛋白以及食物中有害物质成分等的检测中，样品基质会对检测结果产生严重影响，从而降低疾病诊断的准确性。近年来，荧光标记技术已经趋于成熟，可特异性标记蛋白质、DNA 等生物分子，在医学诊疗中的应用日益广泛。但由于荧光标记技术检测成本较高，操作复杂，以及检测仪器价格昂贵、体积较大、不易集成，在柔性可穿戴器件日益流行的背景下，具有一定的应用局限性。

酶作为一种生物催化剂，具有专一性。在具有复杂基质的样品检测中，可催化分解特定的目标生物分子。通过分析分解产物或者样品的物理性质的改变来实现生物分子的特异性检测，可以提高生物传感器的选择性，降低检测极限。此外，酶的催化效率高，可以有效提高生物传感器的检测速率。因此，生物传感器可通过修饰生物酶，实现生物检测的高特异性和高精确度。

抗原和抗体均为蛋白质分子结构，可相互特异性识别。通过将抗原或抗体修饰于生物传感器，可实现生物分子或细胞的高特异性和高选择性检测。这种方法不仅响应速度快，还可以提高传感器的灵敏度和检测精度，同时简化了生物分子或细胞的测试过程。

在上一章中，我们利用物理吸附产生表面应力的原理，已经证实 AuNP－PDMS 复合薄膜对葡萄糖、BSA 和 *E. coli* 具有良好的生物传感特性，可实现生物检测。但是对生物分子的检测存在特异性问题，使检测范围和灵敏度受限，对于具有复杂基质的样品检测的可靠性较低。本章将分别利用酶和抗体对传感器进行修饰，以提高生物分子和细胞检测的特异性，解决表面应力生物传感器的特异性问题。

本章主要研究单层型 AuNP－PDMS 复合薄膜表面应力生物传感器的表面功能化修饰方法，以实现生物分子的特异性检测。首先利用葡萄糖氧化酶（GOx）可以特异性分解葡萄糖的特点，研究了 GOx 的修饰工艺，设计出可特异性检测葡萄糖分子的表面应力生物传感器；然后利用抗原—抗体可以特异性结合的特性，研究 BSA 抗体和 *E. coli* O157∶H7 抗体的修饰方法，设计可用于特异性检测 BSA 分子和 *E. coli* O157∶H7 的生物传感器；对不同浓度的葡萄糖、BSA 和 *E. coli* O157∶H7 进行了检测分析；探索生物分子检测中生物信号—力信号—电信号转换的原理；最后分别研究传感器的选择性、重复性和稳定性。

5.2 AuNP－PDMS 复合薄膜用于葡萄糖的特异性传感

目前，基于 GOx 和 AuNPs 的薄膜生物传感器在检测葡萄糖方面有着巨大的潜力。例如，采用电化学沉淀法制备的壳聚糖生物纳米复合膜，通过 GOx 对其进行修饰，可以成功地检测到葡萄糖。基于薄膜的悬臂梁生物传感器通过在金层上修饰 GOx 来检测葡萄糖，但这种方法一般需要蒸镀铬层来稳定

AuNPs。然而，壳聚糖和铬层对薄膜生物传感器的灵敏度具有一定的影响，所以设计可靠的新型 AuNP－PDMS 复合薄膜生物传感器用于葡萄糖的检测具有重要意义。

5.2.1　GOx 的修饰

在本部分实验中，采用第三章中制备的单层型 AuNP－PDMS 复合薄膜表面应力生物传感器进行研究。利用化学处理法，将 GOx 修饰于 AuNP－PDMS 复合薄膜表面，实现生物传感器的改性，以提高传感器的特异性。GOx 的化学修饰过程如图 5－1 所示。具体修饰过程如下：

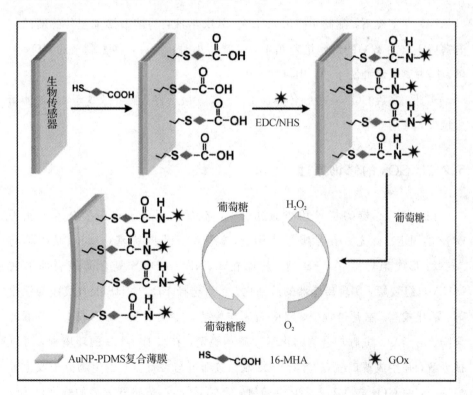

图 5－1　表面应力生物传感器的 GOx 修饰过程示意图

(1) 传感器的清洗：将传感器分别浸泡于丙酮、异丙醇、无水乙醇溶液中，在室温下保持 20 分钟；然后用去离子水缓慢冲洗传感器表面，去除残余的无水乙醇，最后用氮气吹干。

(2) 用无水乙醇配制 10mmol/L 的 MUA 溶液。在室温下，将传感器浸泡于 11－巯基＋－烷酸（MUA）溶液中，保持 8 小时；取出后，依次用无水乙醇和去离子水冲洗，去除残留的 MUA 溶液，用氮气吹干。

(3) 分别配制 2 mmol/L 的 1－（3－二甲基氨基丙基）－3－乙基碳二亚胺（EDC）溶液和 5 mmol/L 的 N－羟基琥珀酰亚胺（NHS）溶液，并按体积比为 1∶1 进行混合。在室温下，将传感器浸泡于 EDC/NHS 混合液中，活化 1 小时。用去离子水冲洗后，氮气吹干。

(4) 在室温下，配制 400 μg/mL 的 GOx 溶液，将溶液滴加至传感器的复合薄膜上；在 37℃ 的细胞培养箱中，保持 2 小时；之后，移去剩余的 GOx 溶液，用去离子水冲洗干净，用氮气吹干。

至此，完成 GOx 在生物传感器上的修饰。最后将传感器放置于 4℃ 的冰箱中保存，待用。

5.2.2　GOx 的修饰原理

在生物传感器的特异性修饰过程中，本章采用分子自组装技术来实现 GOx 的固定。首先在化学吸附作用下，MUA 分子的巯基（—SH）基团可与 AuNPs 形成稳定的 Au—S 键，从而在 AuNP－PDMS 复合薄膜表面形成 MUA 自组装层，实现传感器的羧基化。然后选择 EDC/NHS 混合液作为活化剂，活化羧基。在此过程中，EDC 首先与羧基发生化学反应，形成 O—酰脲加合物。由于 O—酰脲加合物的化学性质不稳定，在含有 NHS 的环境中，可以被分解，并生成琥珀酰亚胺酯。琥珀酰亚胺酯可与含有氨基的生物分子发生置换反应，使 GOx 与 MUA 形成共价键，完成 GOx 在传感器表面的修饰，反应过程如图 5－2 所示[56]。

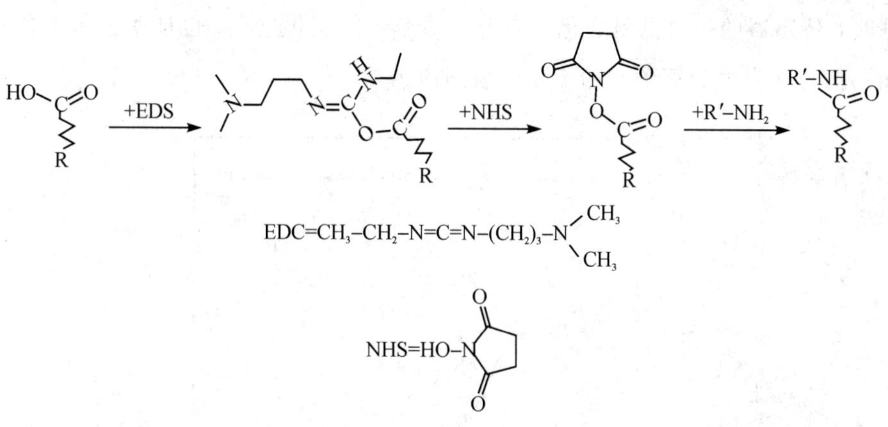

EDC=CH₃－CH₂－N=C=N－(CH₂)₃－N⟨CH₃/CH₃

NHS=HO－N⟨...⟩

图 5－2　EDC/NHS 活化羧基与氨基结合的化学反应示意图

5.2.3　葡萄糖检测原理

　　GOx 作为一种蛋白质，与葡萄糖发生酶解反应时，分子构象发生改变，导致蛋白质的空间结构重新排列，使分子之间产生排斥力，在传感器上产生表面应力。因此，在测试葡萄糖分子之前，首先应该证明，传感器探测到的信号来自于 GOx 催化分解葡萄糖而产生的表面应力。为此，设计了对比实验，用 GOx 修饰的和未经 GOx 修饰的生物传感器分别测试 20 μL 浓度为 5 mmol/L 的葡萄糖溶液和 PBS 溶液。图 5－3 展示了对比实验的测试结果。利用酶修饰的传感器测试 PBS 获得测试基线。基线显示，PBS 溶液的重力导致传感器相对电阻变化为 10.6。未经 GOx 修饰的传感器对葡萄糖动态响应过程与基线一致，表明在测试过程中无表面应力产生。在酶修饰的传感器测试葡萄糖过程中，随着葡萄糖的催化分解，电阻逐渐变小，表明在传感器表面产生与重力方向相反的表面应力，并逐渐增大。在 12 min 后，传感器电阻逐渐开始增加，表明传感器表面的应力抵消并超过了溶液的重力，AuNP－PDMS 复合薄膜从"凹"形变转变成"凸"形变。在 15 min 后，传感器电阻趋于稳定，表明 GOx 催化分解葡萄糖的反应速率达到峰值，此时的表面应力最大。同时也说明，传感器对葡萄糖的响应时间为 15 min。综上所述，利用酶修饰的传感器在测试葡萄糖时，传感器的相对电阻变化具有升－降－升的变化过程，也证明了传感器感知的信号来自酶分解葡萄糖产生的表面应力。

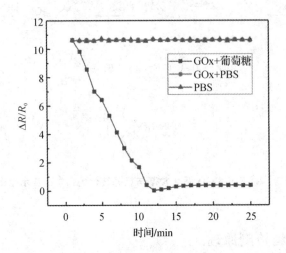

图 5‑3　GOx 修饰的和未经修饰的传感器对葡萄糖和 PBS 溶液的动态响应曲线

5.2.4　pH 和 H_2O_2 对葡萄糖检测的影响

葡萄糖在 GOx 的催化作用下会分解产生葡萄糖酸和过氧化氢（H_2O_2），反应式为 5‑1。葡萄糖酸和 H_2O_2 会改变测试环境的 pH 值，可能会对传感器测试结果造成干扰，从而降低测试的准确度。为研究分解产物对葡萄糖测试性能的影响，用 GOx 修饰的传感器分别测试了不同 pH 值的 PBS 溶液和不同浓度的 H_2O_2 溶液。

$$C_6H_{12}O_6 + H_2O + O_2 \xrightarrow{\text{GOx}} C_6H_{12}O_7 + H_2O_2 \qquad (5-1)$$

将不同 pH 的 PBS 溶液滴加至生物传感器上，保持 15 min，用数字源表每分钟测量一次传感器的电阻变化。图 5‑4(a)是传感器对不同 pH 值的 PBS 溶液的动态响应曲线图。从图中可以看出，传感器的电阻变化无升－降－升的变化趋势，且电阻变化是由溶液重力所致，表明 pH 值的变化并不会产生表面应力。图 5‑4(b)是传感器的相对电阻变化与 pH 值关系校准曲线。可以看到，传感器的相对电阻变化始终保持在 10.65。结果表明，测试环境 pH 的改变对传感器测试结果的干扰不明显。

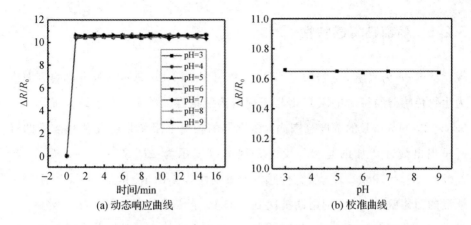

图 5－4　生物传感器对具有不同 pH 值的 PBS 溶液的响应结果

图 5－5 是传感器对不同浓度 H_2O_2 的响应曲线。在 H_2O_2 的测试过程中，由于溶液重力作用，传感器电阻迅速变大，之后维持不变。结果表明，H_2O_2 的产生并不会改变 AuNP－PDMS 复合薄膜上的表面应力。因此，在 $0 \sim 30$ mmol/L 浓度范围内，H_2O_2 与传感器测试葡萄糖的性能无直接关系。

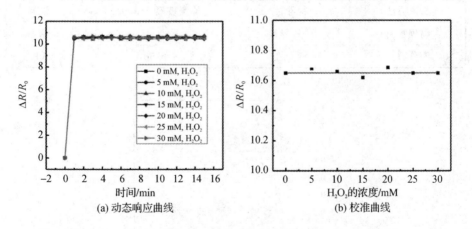

图 5－5　生物传感器对具有不同浓度的 H_2O_2 溶液的响应结果

综上所述，葡萄糖的分解产物不会对表面应力生物传感器检测葡萄糖产生干扰。

5.2.5　葡萄糖传感特性

图 5-6 为室温下，修饰有 GOx 的单层型 AuNP-PDMS 复合薄膜表面应力生物传感器的相对电阻变化与葡萄糖溶液浓度的关系曲线。结果显示，在 $0.05\sim25$ mmol/L 的浓度范围内，传感器的相对电阻变化随葡萄糖浓度的升高呈现出线性增加的趋势，线性方程可以表示为 $\Delta R/R_0 = 0.1032C_{glucose} + 0.0388(R^2 = 0.9829)$。为研究传感器的重复性，在相同测试条件下，对于每个浓度的葡萄糖溶液，分别用同批次制备的 10 个传感器进行平行测试实验。结果表明，测试的误差在可控范围之内，传感器具有良好的稳定性和重复性。用 $3\sigma/S$ 计算得到传感器对葡萄糖的检测极限为 0.607 mmol/L。与第四章中检测葡萄糖的方法相比较，检测极限降低了一倍，如表 5-1 所示。

表 5-1　单层型 AuNP-PDMS 复合薄膜表面应力

生物传感器对葡萄糖检测性能的对比

检测方法	特异性	检测极限(mmol/L)	章节
物理吸附	非特异性	1.25	4.4
酶分解法	特异性	0.607	5.2

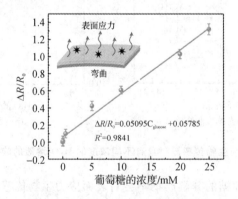

图 5-6　生物传感器对不同浓度的葡萄糖溶液的响应曲线

（插图显示了葡萄糖分解过程中，表面应力引起的 AuNP-PDMS 复合薄膜的微形变）

5.2.6　葡萄糖检测的特异性

为研究表面应力生物传感器的特异性，在相同条件下，分别用传感器对于 5 mmol/L 的葡萄糖、果糖、半乳糖、人血清白蛋白（HSA）和血红蛋白分别进行检测。图 5-7 为室温下的传感器对五种不同溶液的响应结果。从图中可清楚地看到，葡萄糖溶液对传感器产生的相对电阻变化为 0.41，而其他生物分子对传感器产生的相对电阻变化均小于 0.04。这是因为 GOx 对果糖、半乳糖、人血清白蛋白和血红蛋白不具有催化分解的作用，蛋白质分子不会发生构象改变，无表面应力产生。果糖、半乳糖、人血清白蛋白和血红蛋白在非特异性吸附作用下，会有极少量分子附着于传感器表面，导致传感器产生微小的电阻变化。结果表明，GOx 修饰的表面应力生物传感器对葡萄糖具有良好的特异性。

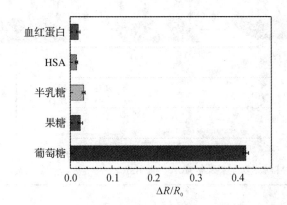

图 5-7　室温下生物传感器对不同生物分子的响应结果

5.3　AuNP – PDMS 复合薄膜用于 *E.coli* O157：H7的特异性传感

在复杂环境中实现目标细菌的检测是生物传感器所必须具备的特性之一。因此，需要对传感器进行特殊处理，以实现 *E.coli* O157：H7的特异性识别。本节选择了大肠杆菌抗体来对传感器进行特异性修饰，进而实现在复杂环境中，可准确检测细菌的浓度。

5.3.1 表面应力生物传感器的 *E.coli* 抗体修饰

本节实验使用基于单层型 AuNP‑PDMS 复合薄膜的表面应力生物传感器进行研究。利用抗原抗体特异性结合的原理，设计可识别 *E.coli* O157∶H7 的生物传感器。选用 *E.coli* O157∶H7抗体作为功能化分子，利用自组装工艺，对生物传感器进行修饰。修饰过程如图 5‑8 所示。

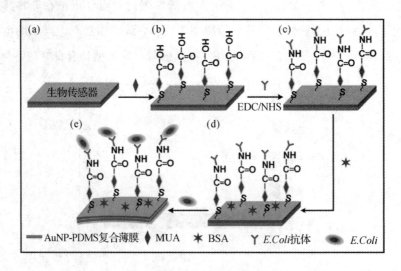

图 5‑8　生物传感器的 *E.coli* 抗体修饰过程示意图

E.coli O157∶H7抗体的具体修饰过程如下：

（1）首先利用酒精溶液冲洗传感器 2～3 次，去除杂质并进行消毒。之后用去离子水进行冲洗，冲洗完成以后，用氮气吹干。

（2）在室温下，将传感器表面用 0.1 mmol/L 的 MUA 进行处理，通过化学吸附的方法，将 MUA 自组装于传感器表面。之后用无水乙醇和去离子水依次冲洗 4～5 次，用氮气吹干。

（3）将溶度为 3 mg/mL 的 EDC 溶液和 3 mg/mL 的 NHS 溶液按 1∶1 的体

积比进行混合。在室温下，用 EDC/NHS 混合液对传感器表面进行活化，活化时间为 1 小时。然后用无水乙醇和去离子水依次冲洗 4～5 次。

（4）配制 1 mg/mL 的 *E.coli* 抗体溶液。将抗体溶液滴加至活化后的传感器表面。在 37℃环境中，使抗体与传感器结合 1 小时。用去离子水依次冲洗 4～5 次，去除未结合的抗体，再次用氮气吹干。

（5）配制质量比为 0.1% 的 BSA 溶液。在 37℃环境中，将修饰有抗体的传感器用 BSA 溶液浸泡 1 小时，以抑制传感器上的非特异性结合位点。最后用去离子水洗洗清干净，氮气吹干，放于 4℃冰箱中保存。

5.3.2　*E.coli* 检测原理

在 *E.coli* O157：H7 的识别过程中，由于抗原—抗体的特异性结合，传感器表面出现较大的结合能。结合能强于传感器表面 AuNPs 之间的结合能，使 AuNPs 之间出现相互排斥的趋势，进而在传感器表面产生压应力。表面应力引起复合薄膜的"凸"形变，使得 AuNPs 之间的距离增加，电子的导电通路减少，传感器电阻变大，最终将生物信号转变为电信号。

在传感器测试之前，需证明检测信号来自抗体对 *E.coli* O157：H7 的特异性识别。在室温下，将浓度为 10^7 CFU/mL 的 *E.coli* O157：H7 悬浮液分别注射在抗体修饰和未经抗体修饰的传感器上，测试传感器的动态响应曲线，如图 5‑9(a) 所示。抗体修饰的传感器相对电阻变化先增大，后减小，又逐渐变大，最后趋于稳定，符合表面应力对传感器电阻影响的规律。结果表明，在抗体特异性识别 *E.coli* O157：H7 的过程中，传感器表面产生表面应力。图 5‑9(a) 还显示，未经抗体修饰的传感器的电阻变化趋势与基线具有一致性，表明未经抗体修饰的传感器的表面上无表面应力产生。30 min 后，电阻趋于稳定，表明传感器对 *E.coli* O157：H 的响应时间为 30 min。综上所述，表面应力可以被认为是传感器电阻变化的根本原因。在 37℃温度下，*E.coli* O157：H7 在传感器上孵育 30 min 后，去除缓冲液，用去离子水冲洗，重新测定传感器的相对电阻变化，如图 5‑9(b) 所示。从图中可以清楚地看到，与未经抗体修饰的传感器相比，抗体修饰的传感器具有更明显的电阻变化，进一步说明了是

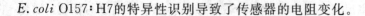

E. coli O157∶H7的特异性识别导致了传感器的电阻变化。

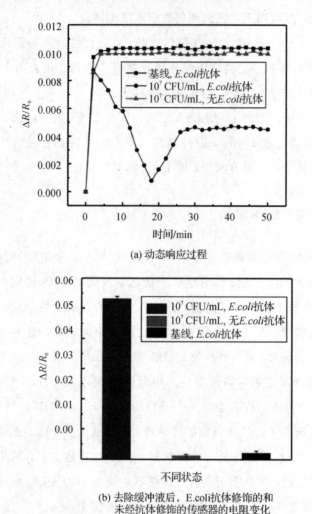

(a) 动态响应过程

(b) 去除缓冲液后，E.coli抗体修饰的和
未经抗体修饰的传感器的电阻变化

图 5‒9   *E. coli* 抗体修饰的和未经抗体修饰的传感器对 *E. coli* O157∶H7和生理盐水的响应

5.3.3 *E. coli* 传感特性

在 $10^3 \sim 10^7$ CFU/mL 的浓度范围内，使用抗体修饰的生物传感器对 *E. coli* O157∶H7进行检测。在 37℃温度下，将不同浓度的 *E. coli* O157∶H7悬浮液在传感器上培养 30 min，然后用去离子水清洗以去除缓冲液。在相同条件

下，用抗体修饰的传感器对每个浓度下的 $E.coli$ O157∶H7溶液分别进行 5 次检测。图 5‐10 为抗体修饰的传感器对不同浓度的 $E.coli$ O157∶H7的响应曲线。结果表明，在 $10^3\sim10^7$ CFU/mL 的浓度范围内，传感器的相对电阻变化与 $E.coli$ O157∶H7浓度的对数成线性关系，线性方程可表示为 $\Delta R/R_0=0.0057\mathrm{logC}_{E.coli}+0.0054$，$R^2=0.9849$。在 $E.coli$ O157∶H7的检测过程中，实验标准误差小于 5.42%，在可控范围内，表明传感器具有良好的重复性。

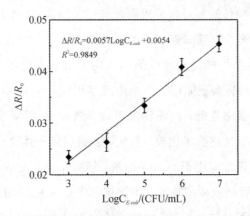

图 5‐10　生物传感器对不同浓度的 $E.coli$ O157∶H7的响应曲线

此外，采用 t 检验法，在 95% 的置信区间内，对五种浓度的 $E.coli$ O157∶H7的检测结果进行统计分析。计算结果为 $p<0.05$，表明对于不同浓度的 $E.coli$ O157∶H7，传感器的电阻变化具有显著的统计学差异。利用式(5‐2)，计算得到传感器对 $E.coli$ O157∶H7的检出极限为 43 CFU/mL。与第三章中的 $E.coli$ 检测方法比较，传感器的检测极限降低了两个数量级，如表 5‐2 所示。

$$\mathrm{LOD}=10^{3\sigma/S} \tag{5-2}$$

其中 σ 为基线 $\mathrm{logC}_{E.coli}$ 的响应标准误差，S 为线性曲线的斜率。

表 5‐2　单层型 AuNP‐PDMS 复合薄膜表面应力生物
传感器对 $E.coli$ O157∶H7检测性能的对比

检测方法	特异性	检测极限(CFU/mL)	章　节
物理吸附	非特异性	10^3	4.6
抗原－抗体结合	特异性	43	5.3

表 5－3 为基于单层型 AuNP－PDMS 复合薄膜的表面应力生物传感器，与其他表面应力生物传感器的细菌检测性能的对比。Jian 等人通过在 PDMS 表面上蒸镀铬层，制备了稳定的金电极。但铬层增加了敏感膜的厚度，降低了传感器对表面应力的感知能力，使得传感器对细菌检测的灵敏度较低[18]。本书制备的表面应力生物传感器通过原位还原和葡萄糖还原法，获得了稳定的金层，比 Jian 等人测试细菌的检测极限低两个数量级，灵敏度也更高。基于微悬臂梁的表面应力生物传感器通常采用磁控溅射法制备金层，这会使分子识别单元不稳定，导致细菌检测范围变小[57,58]。此外，悬臂梁传感器在检测时，需将悬臂浸入到待测溶液中来 使悬臂梁的两侧均可附着有待测细菌，这进一步降低了测试精度。与悬臂梁表面应力生物传感器相比，基于 AuNP－PDMS 复合薄膜传感器的检测极限更低，检测精度更高。表 5－3 还将本章制备的传感器与现有检测细菌的方法进行了比较。目前，表面等离子体共振传感器和场效应晶体管器件已经被实际应用于 E.coli 检测，但操作较为复杂，同时这两种传感器的检测范围、检测极限和灵敏度均不理想[59,60]。无标记 SERS 方法是通过利用细菌与表面等离子元结合后，导致传感器表面分子的电子密度发生改变来进行检测的，这种方法对测试环境要求较高，并且需要 3 小时以上的细菌培养时间[61]。相比之下，本章开发的传感器制备方法简单，操作便捷，测试时间短，具有可靠的灵敏度和检测极限。

表 5－3　不同生物传感器检测性能的比较

传感器类型	检测极限 (CFU/mL)	检测范围 (CFU/mL)	时间 (min)	参考文献
基于 PDMS 的表面应力生物传感器	10^6	$10^6 \sim 8 \times 10^6$	30	[18]
悬臂梁表面应力生物传感器	10^6	$10^6 \sim 2 \times 10^8$	120	[57]
PEG－SH 包覆的悬臂梁生物传感器	10^6	$10^6 \sim 10^8$	16	[58]
等离子共振生物传感器（SPR）	10^4	$10^4 \sim 10^8$ L	<1	[59]
场效应晶体管器件	10^3	$10^3 \sim 10^5$	nr	[60]
无标记 SERS 传感器	10^5	$10^5 \sim 10^7$	180	[61]
单层型 AuNP－PDMS 复合薄膜表面应力生物传感器	43	$10^3 \sim 10^7$	30	本工作

5.3.4　*E. coli* 的活性检测

将浓度为 10^7 CFU/mL 的 *E. coli* O157：H7悬浮液在沸水中灭活 40 min，得到失去活性的 *E. coli* O157：H7。图 5 - 11(a)为抗体修饰的生物传感器对死/活 *E. coli* O157：H7 的动态响应曲线。从图中可以看到，传感器对灭活的 *E. coli* O157：H7的动态响应过程与对生理盐水的响应过程（即基线）相似，传感器的相对电阻变化未出现升—降—升的变化趋势。而对于具有活性的 *E. coli* O157：H7，传感器的相对电阻变化则出现了升—降—升的变化过程。结合 5.3.2 小节中的研究结果，表明生物传感器对灭活的 *E. coli* O157：H7不具有敏感性。因为在灭活过程中，细菌表面的特异性蛋白在高温中失活、变性，*E. coli* O157：H7抗体不能识别变性的特异性蛋白，所以生物传感器无表面应力产生，从而电阻保持不变。在 37℃温度下，活/死 *E. coli* O157：H7分别在抗体修饰的传感器表面培养 30 min 后，用生理盐水冲洗去除缓冲液，测量并比较传感器的电阻变化，如图 5 - 11(b)。显然，传感器对活性 *E. coli* O157：H7的电阻响应，比对灭活的 *E. coli* O157：H7的电阻响应更加明显，结果进一步表明灭活的 *E. coli* O157：H7对传感器检测活性 *E. coli* O157：H7无干扰产生。

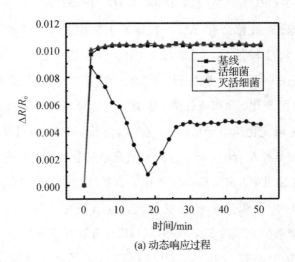

(a) 动态响应过程

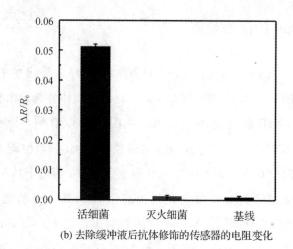

(b) 去除缓冲液后抗体修饰的传感器的电阻变化

图 5 - 11　抗体修饰的传感器对死/活 *E.coli* O157：H7 的响应

5.3.5　*E.coli* 检测的特异性和选择性

　　传感器的特异性和选择性在生物检测中具有重要性，可以使传感器在复杂样品中实现目标生物分子或细菌的检测。首先我们研究特异性，在 37℃ 的温度下，将浓度为 10^4 CFU/mL 的 *E.coli* O157：H7、肉毒杆菌、肠炎沙门螺旋杆菌和金黄色葡萄球菌，在修饰有 *E.coli* 抗体的生物传感器上培养 30 min。用去离子水冲洗去除缓冲液后，测量传感器的相对电阻变化，测试结果如图 5 - 12 所示。从图中可以清楚看到，*E.coli* O157：H7 与传感器结合，产生 0.026 的相对电阻变化。而肉毒杆菌、肠炎沙门螺旋杆菌和金黄色葡萄球菌对传感器的相对电阻变化均小于 0.005。这是因为 *E.coli* O157：H7 与传感器是通过抗原—抗体特异性结合的，而其他细菌则是通过非特异性吸附附着于传感器表面。与非特异性吸附相比，*E.coli* 和 *E.coli* 抗体通过特异性识别产生的表面应力更大，促使分子识别单元形变加剧，电阻变化更加明显。结果证明，*E.coli* 抗体修饰的传感器对 *E.coli* O157：H7 具有良好的特异性。

　　接下来研究传感器对 *E.coli* O157：H7 的选择性。分别配制 *E.coli* O157：H7 和肉毒杆菌的混合悬浮液以及这四种细菌的混合悬浮液。在 37℃ 的温度下，将两种混合悬浮液在修饰有 $E. coli$ 抗体的生物传感器上培养 30 min，用去离子水冲洗去除缓冲液。测量两种混合悬浮液对传感器的相对电阻变化的影响，如图 5 – 12 所示。结果显示，传感器的相对电阻变化分别为 0.023 和 0.024，与 $E. coli$ O157：H7对传感器造成的相对电阻变化一致，表明生物传感器对 $E. coli$ O157：H7具有高选择性。因此，基于单层型 AuNP – PDMS 复合薄膜的表面应力生物传感器在细菌检测中具有广阔的应用前景。

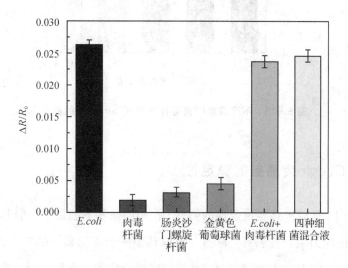

图 5 – 12　不同细菌导致的传感器的电阻变化

为了研究不同浓度的其他细菌对 $E. coli$ O157：H7检测的干扰性，分别将 10^7 CFU/mL 的 $E. coli$ O157：H7和肉毒杆菌按照体积比为 1：1，10：1，10^2：1，10^3：1，10^4：1配制成混合悬浮液。在 37 ℃的温度下，将不同比例的悬浮液滴加至传感器表面，培养 30 min。用去离子水冲洗干净后，测试传感器的相对电阻变化，如图 5 – 13 所示。从图中可以看出，当两种细菌的比例在 10：1到 10^4：1之间时，传感器的相对电阻变化在 0.05 左右波动，与浓度为 10^7 CFU/mL 的 $E. coli$ O157：H7悬浮液对传感器造成的电阻变化一致。而肉毒杆菌和 $E. coli$ O157：H7的浓度比为 1：1的混合悬浮液，对传感器造成的电阻变化明显要高于正常的电阻变化。结果表明，两种细菌的比例在 10：1～10^4：1之间时，传感器可以有效检测 $E. coli$ O157：H7。

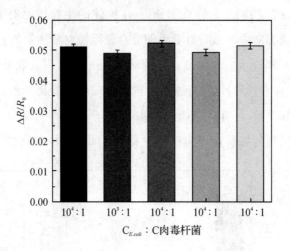

图 5–13   不同浓度的肉毒杆菌对 *E.coli* 测试的影响

5.3.6   *E.coli* 传感器的稳定性

图 5–14 是对传感器稳定性的研究。在相同条件下制备了 7 个 *E.coli* 抗体修饰的表面应力生物传感器。每隔一天取其中一个传感器，在 37℃ 的温度下，对浓度为 10^7 CFU/mL 的 *E.coli* O157：H7 进行检测。结果显示，传感器的相对电阻变化在 0.05 上下波动，相对标准偏差（RSD）计算为 1.69％，表明传感器对 *E.coli* O157：H7 的检测具有良好的稳定性。

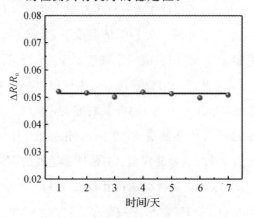

图 5–14   传感器的稳定性研究

5.4　AuNP－PDMS复合薄膜用于BSA的特异性传感

为了提高新型 AuNP－PDMS 复合薄膜表面应力生物传感器对 BSA 检测的灵敏度，本节实验引入了 BSA 抗体，并介绍了抗体的修饰方法，使得在可以特异性识别 BSA 的同时，还进一步降低传感器对 BSA 的检测极限。

5.4.1　表面应力生物传感器的 BSA 抗体修饰

图 5-15 为 BSA 抗体在传感器上的修饰过程示意图。分别用丙酮、异丙醇、乙醇和去离子水冲洗传感器 2～3 次，然后在氮气中吹干。在室温下，用 5 mmol/L 的 16-MHA 处理生物传感器表面 6 h。然后，用乙醇和去离子水清洗生物传感器，去除残留的 16-MHA。将等体积的 2 mmol/L 的 EDC 和 5 mmol/L 的 NHS 溶液直接混合。将传感器浸泡于混合液中，活化 2 h 后，用乙醇和去离子水清洗生物传感器，氮气吹干。最后在 37℃ 的温度环境下，生物传感器浸入 100 μg/mL 的 BSA 抗体中 2 h，之后用去离子水清洗，去除未固定的抗体分子，在氮气下干燥。

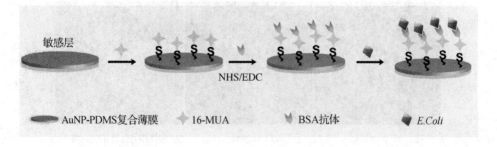

图 5-15　BSA 抗体在表面应力生物传感器上的特异性修饰过程示意图

5.4.2　BSA 表征

将 0~10 µg/mL 浓度 FITC－BSA 溶液滴加在传感器表面，保持 20 min 后，用去离子水冲洗掉缓冲液。然后用荧光显微镜观察 BSA 抗体修饰的传感器与 BSA 的特异性结合情况。图 5-16 为 FITC－BSA 在生物传感器表面的荧光显微镜图。从图中可以清楚地看到，没有结合 BSA 的传感器表面无荧光激发，如图 5-16(a)所示，而其他传感器在显微镜视野中显示亮绿色，如图 5-16(b-e)所示。结果表明，BSA 分子可以被传感器识别并捕获。另一方面，在图 5-16 中可以观察到绿色荧光点随 BSA 浓度的升高而增加，这意味着结合到传感器表面上的 BSA 分子增多。图 5-16(f)显示了滴加 BSA 溶液后的传感器表面的 SEM 图。从图中可以看到，在传感器表面分布有密集的微小颗粒，这表明，BSA 分子已经与传感器结合，SEM 图结果与荧光显微镜图一致。

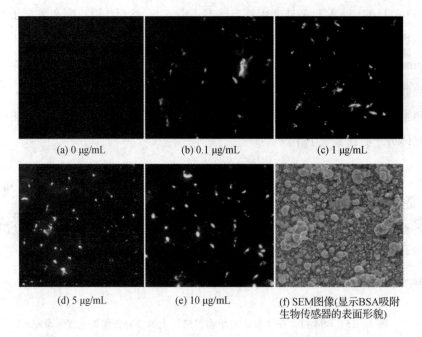

(a) 0 µg/mL　　　　　(b) 0.1 µg/mL　　　　　(c) 1 µg/mL

(d) 5 µg/mL　　　　　(e) 10 µg/mL　　　　　(f) SEM图像(显示BSA吸附
　　　　　　　　　　　　　　　　　　　　　　　生物传感器的表面形貌)

图 5-16　具有不同浓度的荧光标记 BSA 的生物传感器表面表征图

5.4.3　BSA 的检测原理

在 BSA 分子检测过程中，生物传感器将抗原—抗体特异性结合产生的表面应力转换成电信号。因此，我们需证明在生物分子检测过程中生物传感器捕获到的信号来源于表面应力。为了证明这一点，我们设计了对照实验，分别将BSA(20 μg/mL)溶液和 PBS 溶液滴加至 BSA 抗体修饰的和未经 BSA 抗体修饰的传感器表面，并测量传感器的电阻变化，动态响应结果如图 5－17 所示。从图中可以明显看出，在检测 BSA 分子过程中，BSA 抗体修饰的传感器相对电阻变化从－2.23 增加至 1.98，并保持稳定；而未经抗体修饰传感器的相对电阻则在测试过程中保持在－2.41，与对 PBS 的响应结果一致。结果表明，BSA 抗体与 BSA 特异性结合产生的表面应力是导致生物传感器电阻变化的根本原因。

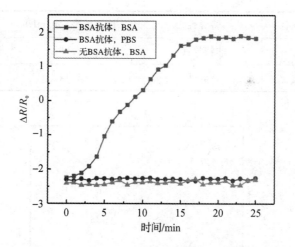

图 5－17　修饰有 BSA 抗体和未修饰抗体的生物

传感器对 BSA 和 PBS 的动态响应。

（负号表示薄膜"凹"形变引起的电阻变化，

正号表示薄膜"凸"形变引起的电阻变化）

5.4.4　BSA 的传感特性

在室温下，将 10 μL 不同浓度的 BSA 溶液滴加至修饰有 BSA 抗体的传感器表面，保持 20 min 后，用去离子水冲洗去除缓冲液，并用数字源表测量传感器的电阻变化。图 5－18 是生物传感器对不同浓度的 BSA 的响应曲线。结果表明，在 0～50 μg/mL 浓度范围内，传感器的相对电阻变化与 BSA 的浓度呈线性关系，线性方程可以表示为 $\Delta R/R_0 = 0.096 C_{BSA} - 0.027 (R^2 = 0.9898)$。不同浓度的 BSA 溶液分别进行 10 次平行测试实验，结果表明传感器具有良好的重复性。通过公式 4－1，可以计算出传感器的检测极限为 1.14 μg/mL。与第四章中的 BSA 的检测结果相比，传感器的检测极限降低了一半，如表 5－4 所示。

表 5－4　单层型 AuNP－PDMS 复合薄膜的表面应力生物

传感器对葡萄糖检测性能的对比

检测方法	特异性	检测极限(μg/mL)	章　节
物理吸附	非特异性	2.06	4.5
抗原－抗体结合	特异性	1.14	5.4

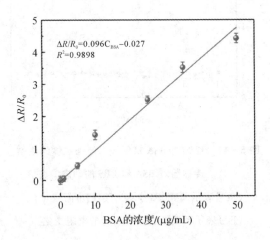

图 5－18　生物传感器对 BSA 的特异性响应曲线

5.4.5 BSA 检测的特异性

为了研究传感器的特异性，在室温下，用 BSA 抗体修饰的传感器分别检测了浓度为 20 $\mu g/mL$ 的 BSA、肽、蛋白酶、胶原蛋白和血红蛋白溶液。生物传感器的相对电阻变化如图 5-19 所示。结果显示，BSA 溶液可对传感器产生 1.8 的相对电阻变化，而肽、蛋白酶、胶原蛋白和血红蛋白溶液对传感器产生的相对电阻变化均小于 0.2。这是因为 BSA 与传感器之间是抗原—抗体特异性结合，而其他生物分子与传感器之间是非特异性吸附作用。结果证明，BSA 抗体修饰的传感器对 BSA 分子具有良好的特异性。

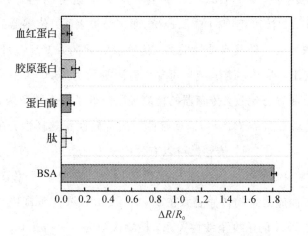

图 5-19   生物传感器对不同蛋白质的响应结果

本 章 小 结

基于前一章内容，以单层型 AuNP-PDMS 复合薄膜的表面应力生物传感器为基础，利用酶和抗体对传感器进行修饰，解决了传感器的特异性问题，实现了葡萄糖、BSA 和 *E.coli* 的特异性检测，并降低了传感器的检测极限。分析了传感器生物信号—力信号—电信号转换的原理，为柔性薄膜表面应力生物传感器在生物检测中的应用奠定了理论基础；提升了传感器的选择性、重复性和稳定性。得到以下结论：

（1）通过将 GOx 修饰在传感器上，设计并制备了可特异性检测葡萄糖的表面应力生物传感器。实现了传感器对不同浓度的葡萄糖检测。结果表明：传感器对葡萄糖具有良好的线性响应特性，葡萄糖的分解产物对葡萄糖的检测不产生干扰；在 0.05～25 mmol/L 范围内，随着 BSA 浓度的升高，传感器的相对电阻变化逐渐增大；传感器对葡萄糖检测表现出了良好的特异性和稳定性；传感器的检测极限低至 0.607 mmol/L，与第四章中测葡萄糖的检测方法相比，检测极限降低了一倍。

（2）通过将 *E.coli* O157∶H7 抗体固定在传感器表面上，设计并制备了可用于特异性检测 *E.coli* O157∶H7 的表面应力生物传感器，成功检测到了 $10^3～10^7$ CFU/mL 浓度范围内的 *E.coli*。测试结果表明：传感器的相对电阻变化与 *E.coli* 浓度的对数具有线性关系；传感器对 *E.coli* O157∶H7 的检测结果具有显著的统计学差异，测试结果可靠；检测极限为 43 CFU/mL，与第四章中的 *E.coli* 检测方法比较，传感器的检测极限降低了两个数量级；*E.coli* 抗体修饰的传感器对 *E.coli* O157∶H7 具有良好的特异性和选择性；在两种细菌的比例为 $10∶1～10^4∶1$ 之间，传感器可以有效检测 *E.coli* O157∶H7。

（3）通过将 BSA 抗体固定于传感器表面上，设计了可用于特异性检测 BSA 分子的表面应力生物传感器。在 0～50 μg/mL 浓度范围内，传感器的相对电阻变化与 BSA 的浓度呈线性关系，检测极限为 1.14 μg/mL。与第四章中的检测结果相比，传感器的检测极限降低了一半。传感器对 BSA 表现出了良好的特异性和选择性。

第五章　图片资源

第六章　三明治型 AuNP – PDMS 复合薄膜合成技术与生物传感应用

6.1 引　言

在 21 世纪，生物技术、人工智能技术和纳米技术的深入发展，推动了生物传感技术不断进步。人们对生物传感器的性能要求不再仅仅局限于具有高灵敏度和高特异性，还要求生物传感器对生物测试具有高可靠性。根据传感器捕获的准确信息，人们可以做出各项重要的决策。因此，高可靠性指标——高精度检测和高抗干扰能力是生物传感器在各个领域广泛应用的前提。

目前，生物传感领域研究人员已经提出了多种多样的方法来提高生物传感器的测试精度。吉林大学生物与农业工程学院的殷涌光等人[62]利用交联免疫法测试，通过修饰大肠杆菌抗体，并引入二级抗体，来形成夹心式方法增加质量，扩大了检测大肠杆菌的信号，同时将胶体金与二级抗体进行复合，大幅度增加质量，进一步扩大了检测信号，从而极大地提高了检测精度，使该传感器对大肠杆菌的检测精度提高到 101 CFU/mL。德国马克斯·普朗克医学研究所和洛桑大学医院的 Kai Johnsson 教授等人[63]开发出一种新的分子工具来提高生物传感器的测试精度，他们利用一种发光蛋白特异性标记辅因子烟酰胺腺嘌呤二核苷酸磷酸，利用不同种类的催化酶，即可实现不同代谢产物的高精度检测。湖南从事先进传感与信息技术创新研究的 Liang Y 等人[64]采用聚合物筛选出的超高纯度半导体碳纳米管所制备的网络状薄膜作为介质层，避免了碳纳米管与生物分子之间直接的复杂的相互作用带来的负面影响，有效提高了生物传感器的测试精度和灵敏度。生物晶体管传感器对电荷具有极高灵敏性，通过结合表面改质及分子检测技术，实现了高精度生物分子的检测，并且体积小，在一个芯片上即可集成上万个传感单元，可完成高灵敏度微量检测，此外研究人员还通过对大量的测试数据进行分析，从而产生准确率极高的检测结果，不但大幅缩减现行核酸检测所需的时间且检验结果准确度与核酸检测相同，检验过程也更加安全简便，成为病毒、癌症早期快速检测的最佳解决方案。提高生物传感器的测试精度已经成为本领域人员研究的重点之一，是新型生物传感器在临床应用亟须解决的关键问题。

我们在前一章中，通过修饰抗体和生物酶，已经实现单层型 AuNP – PDMS 复合薄膜表面应力生物传感器对葡萄糖、BSA 和 *E. coli* 的特异性检测。抗体和生物酶被直接修饰于单层型表面应力生物传感器的 AuNP 电极上即待测样品溶液需滴加至电极上，进行生物分子识别。由于抗体、酶和缓冲液在一定程度上会影响传感器电极的导电性能，对测试结果产生干扰，从而降低表面应力生物传感器对生物分子检测的可靠性，本章提出将 PDMS 两面分别还原 AuNP 层的方法，制备三明治型（AuNPs – PDMS – AuNPs）的 AuNP – PDMS 复合薄膜，使电极层和分子识别层分离，提高生物传感器的抗干扰能力，来保证生物传感器检测的可靠性。

本章主要研究了三明治型 AuNP – PDMS 复合薄膜的制备方法来设计表面应力生物传感器，以提高抗干扰能力；研究传感器对葡萄糖和 BSA 的响应特性；然后设计了夹心分析测试 BSA 的方法，以提高传感器的灵敏度；最后分别研究传感器的特异性、选择性、重复性和稳定性。

6.2 三明治型 AuNP – PDMS 复合薄膜合成与传感器制备工艺

图 6-1 是基于三明治型 AuNP – PDMS 复合薄膜的表面应力生物传感器的制备过程示意图。

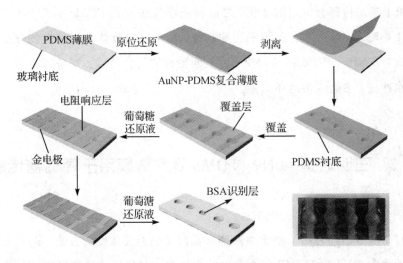

图 6-1　三明治型 AuNP-PDMS 复合薄膜及其表面应力生物传感器的制备过程示意图

具体制备过程如下：

（1）将玻璃器皿在浓硫酸和双氧水体积比为 3:1 的混合溶液中浸泡 20 分钟。在超声环境中，玻璃器皿和玻璃衬底依次浸泡于丙酮和异丙醇中 3 分钟。之后分别用无水乙醇和去离子水冲洗 2~3 次，取出后在鼓风干燥箱中烘干；

（2）玻璃衬底在 TMCS 中浸泡 20 分钟，使玻璃表面具有疏水性，便于 PDMS 薄膜与玻璃衬底的分离；

（3）将 PDMSA 胶与 B 胶以 10:1 的质量比混合均匀，去除气泡后，以 2000 r/min 的转速，旋涂在玻璃衬底上，在 70℃ 的环境中，固化 4 小时；

（4）在室温下，将复合薄膜从玻璃衬底上剥离后，浸泡于 0.01 g/mL 的氯金酸溶液中，避光还原 18 小时后，完成 AuNPs 的原位还原，取出后用去离子水冲洗干净。

（5）将原位还原的 PDMS 薄膜转移到提前制备好的 PDMS 衬底上，用未固化的 PDMS 固定复合薄膜。通过胶带，将 PDMS 表面进行局部覆盖。

（6）将 0.01 g/mL 的氯金酸溶液，0.02 g/mL 的葡萄糖溶液和 0.2 g/mL 的碳酸氢钾溶液按体积比为 2:1:1 进行混合，配制成葡萄糖还原液。室温下，将还原液滴加到传感器表面，还原 4 小时，完成电阻响应层(RRL)和电极的制备，用于感知传感器电阻的变化。之后将还原液注入到 PDMS 衬底的通孔中，还原 4 小时，完成生物分子识别层的制备，用于修饰抗体和识别生物分子。最终形成"AuNPs – PDMS – AuNPs"的三明治型的复合薄膜。制备完成后，用去离子水冲洗，去除残留的还原液。

6.3　三明治型 AuNP – PDMS 复合薄膜用于葡萄糖传感

前面章节已经介绍了基于酶修饰来提高传感器灵敏度的方法，接下来我们将通过改变 AuNP – PDMS 复合薄膜结构来进一步提高传感器灵敏度，以及研究新型三明治型 AuNP – PDMS 复合薄膜对葡萄糖的响应特性。

6.3.1　传感器 GOx 的修饰

利用葡萄糖氧化酶(GOx)可以特异性分解葡萄糖的性质，将 GOx 修饰在传感器的生物分子识别层上，具体的修饰方法已在第四章的研究中介绍，此处将不再重复叙述。

6.3.2　葡萄糖的传感机理

图 6 - 2 研究了 GOx 修饰和未经 GOx 修饰的传感器对浓度为 50 mmol/L 葡萄糖溶液和 PBS 缓冲液的动态响应。从图中可以看出，只有在 GOx 修饰的传感器对葡萄糖的动态响应过程中，传感器相对电阻变化出现升－降－升的变化趋势，并在 12 分钟后趋于稳定。结果表明，葡萄糖的酶解反应，使得 GOx 的分子构象发生改变，在传感器的分子识别层上产生表面应力，并逐渐增大，最终超过溶液的重力。三明治型复合薄膜从"凹"形变逐渐转变成"凸"形变。在电阻响应层形变过程中，AuNPs 之间的距离增大，导致复合薄膜中的导电通路减少，因此电阻增大。结果证明传感器可以成功将生物信号转变成电信号，

实现葡萄糖分子的检测。

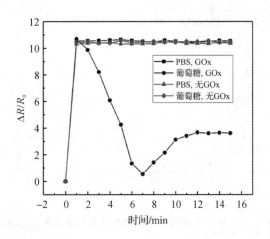

图 6 - 2　GOx 修饰和未经 GOx 修饰的传感器对葡萄糖溶液和 PBS 的动态响应曲线

6.3.3　葡萄糖的传感特性

在室温下，用 GOx 修饰的三明治型 AuNP – PDMS 复合薄膜表面应力生物传感器检测不同浓度的葡萄糖溶液。图 6 - 3 是传感器相对电阻变化与葡萄糖溶液浓度的关系曲线。结果表明，在 0～30 mmol/L 的浓度范围内，传感器的相对电阻变化随葡萄糖浓度的升高而线性增加，线性方程可以表示为 $\Delta R/R_0 = 0.1032 C_{glucose} + 0.0388$（$R^2 = 0.9829$）。对不同浓度葡萄糖溶液进行 10 次平行测试实验，测试结果显示传感器的误差均保持在一定范围内。结果表明，传感器在葡萄糖检测中具有良好的稳定性。通过公式(3 - 1)计算得到传感器的检测极限为 0.021 mmol/L，与前期的非特异性检测方法相比，检测极限降低了两个数量级；与单层型 AuNP – PDMS 复合薄膜表面应力生物传感器的特异性检测方法相比，降低了一个数量级，如表 6 - 1 所示。需要注意的是，图 6 - 3 还表明生物传感器对浓度大于 30 mmol/L 的葡萄糖溶液虽然具有线性响应关系，但是灵敏度明显降低，超出了传感器的检测范围。

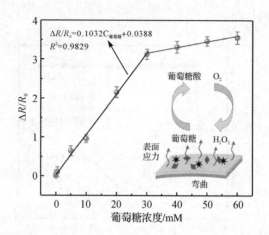

图 6 - 3   生物传感器对不同浓度葡萄糖溶液的响应曲线

注：插图显示酶反应后表面应力引起的生物传感器微形变

表 6 - 1   AuNP－PDMS 复合薄膜表面应力生物

传感器对葡萄糖检测性能的对比

复合薄膜	检测方法	特异性	检测极限（mmol/L）	章　节
单层型	物理吸附	非特异性检测	1.25	4.4
单层型	抗原－抗体结合	特异性检测	0.607	5.2
三明治型	抗原－抗体结合	特异性检测	0.021	6.3

　　表 6 - 2 对三明治型 AuNP－PDMS 复合薄膜传感器与现有的葡萄糖检测技术的性能进行了比较。虽然本研究所设计的生物传感器的检测极限比 CuO/TiO₂ 纳米管、碳纳米管阵列生物传感器高[65,66]；但在线性范围内，传感器可直接通过电阻测试来反映出葡萄糖的浓度变化，检测方法更为准确和方便。与基于石墨烯复合聚苯胺的生物传感器以及基于硅纳米通道的生物传感器相比，本书制备的表面应力生物传感器具有更宽的线性范围和更低的检测限制[67,68]。因此，三明治型 AuNP－PDMS 复合薄膜表面应力生物传感器对葡萄糖检测在线性范围和检测极限方面具有一定优势，在生物传感领域表现出重要价值。

表 6 - 2　不同材料的敏感元件对葡萄糖测定的性能比较

敏感单元材料	线性范围	检测极限	文　献
CuO/TiO2 纳米管阵列	1～2.0 mmol/L	1 μmol/L	[65]
单臂碳纳米管阵列	1～15 mmol/L	0.01 mmol/L	[66]
石墨烯复合聚苯胺	2.9～23 mmol/L	2.9 mmol/L	[67]
硅纳米通道	0.5～8 mmol/L	0.5 mmol/L	[68]
三明治型 AuNP - PDMS	0.05～30 mmol/L	0.021 mmol/L	本节

6.3.4　葡萄糖检测的特异性

在室温下，利用 GOx 修饰的三明治型传感器对 0.5 mmol/L 的葡萄糖、果糖、甘露糖和人血清白蛋白(HSA)进行检测，研究传感器的特异性，响应结果如图 6 - 4 所示。从图中可以看出，在葡萄糖检测中，生物传感器的相对电阻变化较大；但是在果糖、甘露糖和人血清白蛋白的测试中，传感器的相对电阻变化则不明显。这一结果表明，GOx 可以分解葡萄糖并产生表面应力，而对果糖、甘露糖和人血清白蛋白则不具有催化分解的能力，因为果糖等这些生物分子是通过非特异性吸附，附着在传感器表面，吸附的分子量较少，产生的表面应力微弱。因此，GOx 修饰的三明治型表面应力传感器对葡萄糖检测具有良好的特异性。

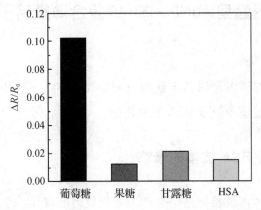

图 6 - 4　生物传感器对其他生物分子的响应结果

6.3.5　葡萄糖传感器的稳定性

相同条件下，分别制备 7 个 GOx 修饰的三明治型表面应力传感器，于 4℃的冰箱中保存、待用。每间隔 24 h，取其中一个传感器对 20 mmol/L 的葡萄糖溶液进行检测，测试结果如图 6-5 所示。从图中可以明显看到，各个传感器的相对电阻变化在 2.25 上下波动，波动范围可控，计算的 RSD 为 2.15%。结果表明，传感器具有良好的稳定性和重复性。

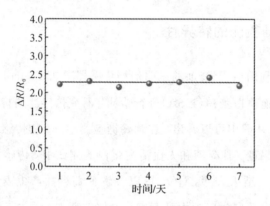

图 6-5　7 个相同条件下制备的传感器在不同时间下对葡萄糖溶液的响应结果

6.4　三明治型 AuNP-PDMS 复合薄膜用于 BSA 传感

接下来我们将详细介绍基于新型三明治型 AuNP-PDMS 复合薄膜设计的表面应力生物传感器用于 BSA 生物传感。

6.4.1　传感器 BSA 抗体的修饰

利用抗原抗体可以特异性结合产生表面应力的特性，将 BSA 抗体修饰在生物传感器的生物分子识别层上，具体的修饰方法已在 4.4.1 节中详细叙述，此处将不再重复介绍。

6.4.2　BSA 的传感机理

图 6-6(a) 和 (b) 是室温下，BSA 抗体修饰的传感器和未经抗体修饰的传感器分别对 20 μg/mL 的 BSA 溶液和 PBS 溶液的响应结果。

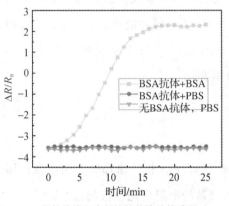

(a) 抗体修饰和未经抗体修饰的传感器对 BSA (20 μg/mL) 和 PBS 的动态响应(负号表示薄膜"凹"形变引起的电阻变化)

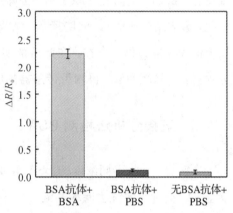

(b) 去除缓冲液后 BSA 和 PBS 对传感器的电阻的影响

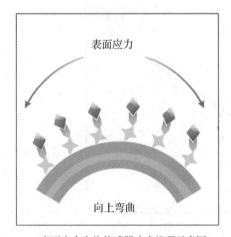

(c) 表面应力生物传感器响应机理示意图

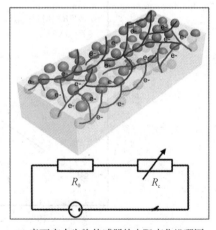

(d) 表面应力生物传感器的电阻变化机理图

图 6-6　表面应力生物传感器响应原理

由图 6 - 6 可以看出，结果显示，在 BSA 分子检测中，抗体修饰的传感器的相对电阻变化从－3.51 增加到 2.28，在 15 分钟后达到稳定，表明在 BSA 分子与 BSA 抗体特异性结合过程中可以产生表面应力并且表面应力逐渐增大，如图 6 - 6(c)所示。表面应力导致三明治型 AuNP - PDMS 复合薄膜形变，使电阻响应层上 AuNPs 之间的距离增加，薄膜电阻变大，如图 6 - 6(d)所示。而没有产生特异性结合的传感器表面没有表面应力产生，传感器相对电阻变化维持在－3.51。电阻变化稳定后，去除缓冲液，可以发现传感器仍然保持电阻变化，影响结果如图 6 - 6(b)所示，结果表明，去除缓冲液后，传感器分子识别层上的表面应力仍然存在。在此后的实验中，BSA 分子均在传感器上反应 15 分钟后，去除缓冲液，再测量传感器的电阻变化。

6.4.3　直接分析法检测 BSA

在室温下，将不同浓度的 BSA 溶液滴加至 BSA 抗体修饰的三明治型传感器上，15 分钟后清洗去除缓冲液，并对传感器的电阻变化进行测量，如图 6 - 7 所示。

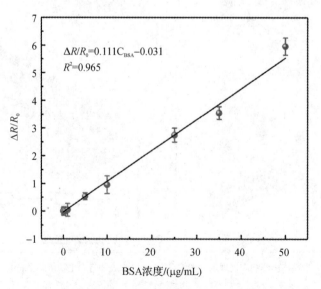

图 6 - 7　基于直接分析法的传感器对 BSA 的响应曲线

在直接分析法（Direct assay）中，通过抗原—抗体结合后，直接进行 BSA 分子的检测。测试结果显示，BSA 浓度升高，传感器电阻变化随之变大，并呈现出线性关系，线性区间为 0~50 μg/mL。对曲线进行拟合，得到线性表达式为 $\Delta R/R_0 = 0.111C_{BSA} - 0.031(R^2 = 0.965)$。在相同条件下，每个浓度的 BSA 溶液被分别用传感器检测 10 次，其 RSD 小于 3.81%。结果表明，传感器具有重复性。通过计算得出传感器对 BSA 分子的检测极限为 0.261 μg/mL。与第三、四章中的单层型 AuNP – PDMS 复合薄膜传感器相比，基于三明治型 AuNP – PDMS 复合薄膜的表面应力生物传感器对 BSA 的检测极限均降低了一个数量级。

6.4.4　夹心免疫分析法检测 BSA

为了提高传感器的灵敏度以及进一步降低传感器的检测极限，本节使用了夹心免疫分析法（Sandwich assay）进行 BSA 检测。研究中，选择浓度为 50 μg/mL 的 BSA 抗体作为 BSA 的二级抗体。在室温下，首先将 BSA 溶液在 BSA 抗体修饰的生物传感器表面反应 20 分钟后，去除缓冲液，并用去 PBS 溶液冲洗 2~3 次。随后，将 50 μg/mL 的 BSA 抗体滴至生物传感器上，保持 20 分钟后，用 PBS 溶液冲洗 2~3 次。最后，在生物传感器的生物分子识别层上，形成 BSA 抗体- BSA – BSA 抗体的夹心结构。

图 6-8 为传感器修饰过程中与 BSA 抗体结合，识别 BSA，以及与 BSA 抗体二次结合后的 SEM 图。通过对比图 6-8(a) 和 (b) 可以发现，传感器表面已修饰有 BSA 抗体分子。与 BSA 特异性结合后，传感器表面的微粒增多，并且由于表面应力产生，金层表面出现微小裂纹，如图 6-5(c) 所示。通过与 BSA 抗体二次结合后，表面应力进一步产生，金层上的裂纹增多，表明薄膜形变加剧，如图 6-8(d) 所示。因此，通过夹心免疫分析法，可以增大表面应力，提高传感器的灵敏度。

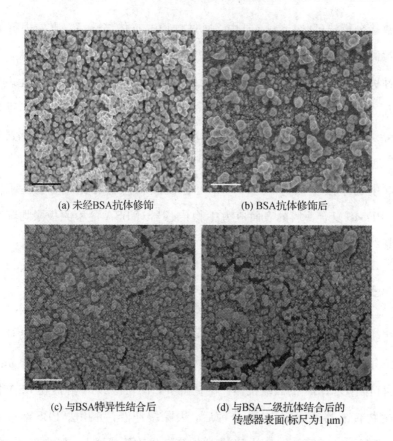

(a) 未经BSA抗体修饰　　　　　　　　(b) BSA抗体修饰后

(c) 与BSA特异性结合后　　　　　(d) 与BSA二级抗体结合后的
　　　　　　　　　　　　　　　　　传感器表面(标尺为1 μm)

图 6-8　传感器修饰过程中的表面 SEM 表征

　　图 6-9 为室温下，基于夹心免疫分析法的传感器对不同浓度的 BSA 溶液的响应曲线。结果显示，与直接分析法相比，夹心免疫分析法使传感器电阻响应层的电阻变化更显著。这是因为 BSA 与 BSA 抗体的第二次特异性结合放大了分子识别层上的表面应力，使生物传感器复合薄膜产生更大的形变。在 0～50 μg/mL 浓度范围内，传感器电阻变化与 BSA 浓度呈线性变化，线性方程用 $\Delta R/R_0 = 0.264 C_{BSA} + 0.075 (R^2 = 0.9928)$ 表示。经计算，基于夹心免疫分析法的传感器对 BSA 的检测极限为 0.035 μg/mL。与第四、五章中的单层型 AuNP-PDMS 复合薄膜传感器比较，基于三明治型 AuNP-PDMS 复合薄膜的表面应力生物传感器对 BSA 的检测极限均降低了两个数量级。与直接分析

法比较，夹心免疫分析法的检测极限降低了一个数量级，如表 6‐3 所示。此外，与直接分析法相比，夹心免疫分析法的线性曲线的斜率由 0.111 上升到 0.264。结果表明，在检测相同浓度的 BSA 时，利用夹心免疫分析法比直接分子法对传感器造成的电阻变化更加明显，进一步证明通过引入二级抗体，可以放大分子识别层上的表面应力，提高传感器的灵敏度，降低检测极限。

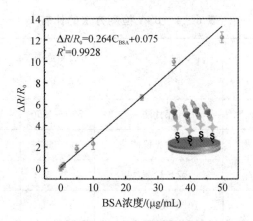

$$\Delta R/R_0 = 0.264 C_{BSA} + 0.075$$
$$R^2 = 0.9928$$

图 6‐9　基于夹心免疫分析法的传感器对 BSA 的响应曲线

表 6‐3　AuNP‐PDMS 复合薄膜的表面应力生物
传感器对葡萄糖检测性能的对比

复合薄膜	检测方法	特异性	检测极限（μg/mL）	章节
单层型	物理吸附	非特异性检测	2.06	4.4
单层型	直接分析法	特异性检测	1.14	5.4
三明治型	直接分析法	特异性检测	0.261	6.3
三明治型	夹心免疫分析法	特异性检测	0.035	6.4

表 6‐4 对三明治型 AuNP‐PDMS 复合薄膜表面应力生物传感器与其他 BSA 检测方法的性能进行了对比。三明治型 AuNP‐PDMS 复合薄膜表面应力生物传感器的检测极限低于其他生物传感器检测极限[69‐70]；而检测范围优于

探针法[69]，但与化学发光检测法、荧光检测法和电化学法相比，则表现出一定的局限性[69-71]。此外，三明治型 AuNP-PDMS 复合薄膜制备方法简单，传感器能耗低，可通过电学信号直接读出测试结果，操作便捷。因此，三明治型 AuNP-PDMS 薄膜表面应力生物传感器在 BSA 的检测中具有广阔的应用前景。

表 6-4　BSA 检测方法的比较

敏感单元材料	方　法	检测范围（$\mu g/mL$）	检测极限（$\mu g/mL$）	文　献
二酮吡咯与蒽酮共轭物	探针法	330～6650	330	[69]
钌(II)多吡啶配合物	化学发光检测法	0～66.5	19.95	[70]
化学转化石墨烯(ccg)	荧光检测法	3.3～532	3.3	[71]
硝化纤维素膜	电化学法	5～100	1.78	[72]
三明治型 AuNPs-PDMS 复合薄膜	表面应力 & 直接分析法	0～50	0.26	本节
	表面应力 & 夹心免疫分析法	0～50	0.035	

6.4.5　夹心免疫分析法检测 BSA 的特异性

为了研究传感器的特异性，采用夹心免疫分析法，室温下用传感器分别测试了浓度为 20 $\mu g/mL$ 的 BSA、肽、蛋白酶、胶原和血红蛋白，响应结果如图 6-10 所示。从图中可以看出，BSA 对传感器产生的电阻变化明显高于肽、蛋白酶、胶原和血红蛋白对传感器引起的电阻变化，表明传感器在 BSA 检测中表现出良好的特异性。此外，在对肽、蛋白酶、胶原和血红蛋白进行夹心免疫分析法检测时，BSA 二级抗体并未对传感器造成明显的电阻变化。只在 BSA 被传感器特异性捕获后，BSA 二级抗体对传感器的电阻变化起作用，同样证明了夹心免疫分析法具有放大检测信号的效果。

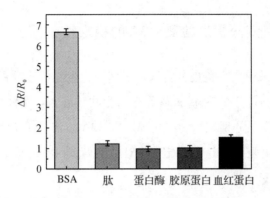

图 6 - 10　利用夹心免疫分析法分别测量传感器对不同生物分子的响应结果

6.4.6　夹心免疫分析法检测 BSA 的选择性

为了研究表面应力生物传感器的选择性，采用夹心免疫分析法，室温下用传感器分别测定了含有不同组分的 BSA、肽、蛋白酶、胶原和血红蛋白(浓度均为 20 μg/mL)的混合溶液，响应结果如图 6 - 11 所示。测试结果显示，不同混合液对传感器产生的相对电阻变化均保持在 5.5，与 20 μg/mL 的 BSA 对传感器产生的相对电阻变化一致。结果表明，基于夹心免疫分析法的三明治型 AuNP - PDMS 复合薄膜表面应力生物传感器具有高选择性。

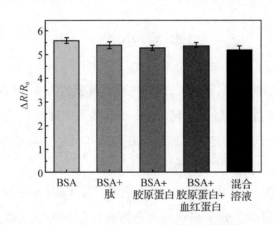

图 6 - 11　利用夹心免疫分析法测量传感器对 BSA 与不同生物分子混合溶液的响应

6.4.7　夹心免疫分析法检测 BSA 的稳定性

图 6‐12 是采用夹心免疫分析法对表面应力生物传感器的稳定性的研究。在相同条件下，制备 7 个 BSA 抗体修饰的生物传感器，并将其保存在 4℃下。在相同时间间隔下，分别测试 20 μg/mL 的 BSA 溶液。可以发现，在每个检测周期中，传感器电阻变化趋于稳定，相对标准偏差（RSD）为 2.1%，表明该传感器具有良好的稳定性。

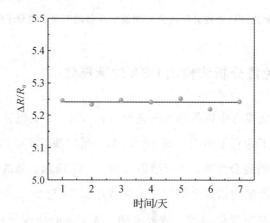

图 6‐12　BSA 传感器的稳定性研究

本 章 小 结

本章介绍了三明治型 AuNP‐PDMS 复合薄膜的制备方法，实现了生物分子的高灵敏度，高抗干扰性的检测，进一步降低了生物传感器的检测极限，解决了基于 AuNP‐PDMS 复合薄膜的表面应力生物传感器应用于生物分子检测的关键性问题。本章内容总结如下：

（1）利用原位还原法和葡萄糖还原法，对 PDMS 薄膜两侧分别进行 AuNPs 的还原，形成了分子识别层和电阻响应层分离的三明治型复合薄膜。将分子识别层上的生物信号，通过表面应力，成功转化成电阻响应层上电阻变化的电信号，降低外界对生物测试的干扰，提升的传感器的灵敏度和可靠性，降低了检测极限。

（2）利用三明治型 AuNP – PDMS 复合薄膜表面应力传感器，实现对葡萄糖的高灵敏度检测。结果显示，传感器的相对电阻变化随葡萄糖浓度的升高而线性增加，检测极限为 0.021 mmol/L。与第四、五章中单层型 AuNP – PDMS 复合薄膜表面应力传感器相比，三明治型传感器的检测极限分别降低了两个数量级和一个数量级。通过对葡萄糖、果糖、甘露糖和人血清白蛋白的检测，证明了传感器对葡萄糖的检测具有良好的特异性。通过多次测量，表明传感器在葡萄糖检测过程中具有重复性和稳定性。

（3）基于直接分析法和夹心免疫分析法，三明治型 AuNP – PDMS 复合薄膜传感器实现了对 BSA 的特异性检测。

直接分析法测试 BSA 结果显示，在 $0 \sim 50\ \mu g/mL$ 的浓度范围内，BSA 浓度升高，传感器相对电阻变化与 BSA 溶液的浓度具有线性关系，检测极限为 $0.261\ \mu g/mL$，与第四、五章中的传感器比较，检测极限均降低了一个数量级。

利用 BSA 抗体作为 BSA 的二级抗体，通过 BSA 与抗体第二次特异性结合，放大了生物传感器分子识别层上的表面应力，提高了生物传感器的灵敏度，将传感器对 BSA 的检测极限降低至 $0.035\ \mu g/mL$，与第四、五章中单层型 AuNP – PDMS 复合薄膜表面应力传感器相比，检测极限均降低了两个数量级。与直接分析法比较，夹心免疫分析法的检测极限降低了一个数量级。

第六章　图片资源

第七章 基于 3D 打印的栅格型 AuNP‐PDMS 复合薄膜合成技术与生物传感应用

7.1 引 言

进入 21 世纪以后，3D 打印技术异军突起，使得工业与学术应用发生了翻天覆地的改变。与传统的制造工艺相比，3D 打印技术可按照设计者的想法进行任意结构的制备。3D 打印技术逐渐应用到了多种传感器的设计、研发和集成中，包括应力、温度、触觉、湿度、环境污染、食品安全检测和航空航天传感器。

早在 2017 年 3 月，美国加州大学洛杉矶分校的科研人员[73]利用 3D 打印技术，设计了一种生物传感器，可以有效检测微小物质，用于检测 DNA、微生物、病毒等，进而为疾病诊断和环境污染监测提供了新思路。美国明尼苏达大学 Michael C. M. 团队[74]研发出一种可直接 3D 打印在人手上的硅胶压力传感器，进而增强人的触感，该装置可以探测压力大小，甚至能够测量脉冲，加速了仿生人的研究，并且 3D 打印的柔性硅胶材料使得配备该传感器的设备可以直接应用于人类皮肤表面。瑞士 EMPA 团队[75]通过 3D 打印技术，利用水、碳水化合物和聚苯乙烯的混合物实现了温度传感器的制备，这种传感器不仅具有水果外形，还具有与水果相似的物理特性，使得这种新传感器可以像真实水果一样针对不同环境做出不同的反应，从而使人们可以实时监测水果运输过程中的温度变化，保证水果的新鲜度。太原理工大学微纳系统研究中心的 Zhen Pei 博士等人[76]借助 3D 打印模具，精确高效地制做出了应变传感器阵列，在

14.44％至 21.11％拉伸范围内的测量系数（GF）为 831.3，可显著增强对小动作的检测，未来可将可穿戴式应变传感器阵列应用于中医脉诊和手势识别中。3D 打印技术在传感器制备方法中占有重要地位，3D 打印技术在研究人员中也备受青睐，相关研究成果也越来越多。

　　随着现代科技的不断发展，在庞大的生物传感器领域中出现了一类"非主流新生儿"，它们有个共同特点，那就是它们均由 3D 打印技术制备。3D 打印用于生物传感器的设计时，优点众多，包括成本低廉、制备速度快、精度高、成型快、集成度好和结构设计方便。除了具有固定地打印整个传感器的功能外，还可以在制造过程中的任何时候开始或停止 3D 打印，从而使用户可以轻松地将传感器嵌入到已打印的结构中。随着越来越多的注意力投入到 3D 打印技术上，以 3D 打印为基础的传感器制备方法必将成为生物传感领域中不可缺少的一种关键技术，推动着生物传感器的不断发展。

　　本章首先介绍栅格型 AuNP－PDMS 复合薄膜的 3D 打印技术，并对复合薄膜表面进行表征；然后基于栅格型 AuNP－PDMS 复合薄膜，设计表面应力生物传感器结构，制备生物传感器以提高灵敏度、测试精度，进一步降低检测极限；最后介绍传感器表面功能化修饰方法，实现传感器的特异性，在此基础上介绍栅格型 AuNP－PDMS 复合薄膜在葡萄糖、癌症标记物（CEA）以及人血清白蛋白检测中的生物传感应用，并对基于栅格型 AuNP－PDMS 复合薄膜的表面应力生物传感器的性能进行评估。

7.2　栅格型 AuNP－PDMS 复合薄膜合成技术与表征

　　为了增大表面积，我们利用 3D 打印技术进行 PDMS 薄膜的制备，并完成栅格的打印，在此基础上结合 AuNP－PDMS 复合薄膜的原位还原可控合成技术和两步还原可控技术，来实现新型栅格型 AuNP－PDMS 复合薄膜制备。

7.2.1　栅格型 AuNP－PDMS 复合薄膜合成工艺

在新型栅格型 AuNP－PDMS 复合薄膜的 3D 打印结合两步还原合成过程中用到的主要试剂如表 7－1 所示。

表 7－1　两步还原法使用的主要试剂

名　称	化学式	纯　度	生产厂家
氯金酸	$HAuCl_4 \cdot 4H_2O$	≥99.5%	国药试剂集团有限公司
三甲基氯硅烷	$(CH_3)_3ClSi$	≥99%	国药试剂集团有限公司
盐酸	HCl	分析纯	国药试剂集团有限公司
硝酸	HNO_3	分析纯	国药试剂集团有限公司
浓硫酸	H_2SO_4	分析纯	国药试剂集团有限公司
双氧水	H_2O_2	分析纯	国药试剂集团有限公司
无水乙醇	C_2H_5OH	分析纯	国药试剂集团有限公司
丙酮	CH_3COCH_3	分析纯	国药试剂集团有限公司
异丙醇	$(CH_3)_2CHOH$	分析纯	国药试剂集团有限公司
葡萄糖	$C_6H_{12}O_6 \cdot H_2O$	≥99.5%	国药试剂集团有限公司
碳酸氢钾	$KHCO_3$	≥99.5%	国药试剂集团有限公司
氢氧化钠	$NaOH$	≥97%	国药试剂集团有限公司

栅格型 AuNP－PDMS 复合薄膜的具体合成过程如下：

（1）清洗玻璃器皿：将玻璃器皿在王水中浸泡 20 分钟，取出后用去离子水冲洗干净。然后将玻璃器皿用 piranha 溶液再次浸泡 20 分钟后，用去离子水冲洗干净，用氮气吹干。

（2）在超声环境中，将玻璃器皿用丙酮和异丙醇清洗 3 分钟，随后依次使用无水乙醇和去离子水冲洗干净，再用氮气吹干。

（3）将玻璃衬底在 TMCS 中浸泡 20 分钟，后用去离子水冲洗干净，用氮气吹干，以增强玻璃衬底的疏水性。

（4）将 PDMS A 胶和 B 胶分别按照质量比为 10∶1进行称量并混合，用玻璃棒搅拌均匀。将 PDMS 在−20℃的环境中静置 1 小时，去除气泡。

（5）复合薄膜 3D 打印过程中，采用产自德国 EnvisionTEC 的 3D 打印机，如图 7-1(a)所示，该打印机为挤压式针筒打印机，分辨率为 1 μm，喷头移动速度在 6～9×10³ mm/min 范围内，使用直径为 4 mm 的针头，针筒内压力设置为 80 psi。我们首先将未固化的 PDMS 装入针筒，将打印间隔设置为 0.2 mm，针头移动速度设置为 10 mm/min，将 PDMS 以"线"的方式打印在玻璃衬底上，如图 7-1(b)和(c)所示，然后静置 10 分钟，使 PDMS 在玻璃衬底上流动，形成薄膜，如图 7-1(d)所示。将薄膜在 120℃的烘干台上固化 10 分钟。

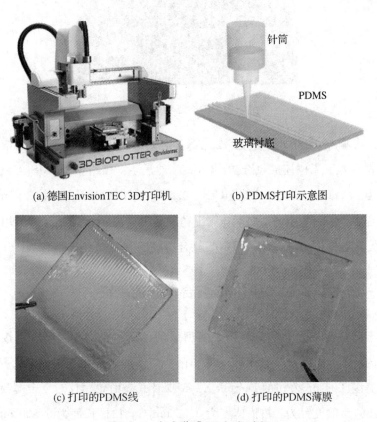

(a) 德国EnvisionTEC 3D打印机　　　　(b) PDMS打印示意图

(c) 打印的PDMS线　　　　(d) 打印的PDMS薄膜

图 7-1　复合薄膜 3D 打印过程

（6）在固化的 PDMS 薄膜上，利用 3D 打印机打印栅格：选择直径为 4 mm 的针头，施加 80 psi 的压力，打印速度为 10 mm/min，栅格间距为 0.2 mm，将 PDMS 线均匀打印在 PDMS 薄膜上。打印完后，将 PDMS 薄膜在 120℃ 的烘干台上立即烘干 10 分钟。打印好的栅格型 PDMS 薄膜如图 7 - 2 所示。

图 7 - 2　栅格型 PDMS 薄膜

（7）将栅格型 PDMS 薄膜浸泡入 0.01 g/mL 的氯金酸乙醇溶液，使 PDMS 在室温下原位还原氯金酸 18 小时。然后，将栅格型 PDMS 薄膜浸泡入体积比为 1∶2∶1 的 0.2 g/mL $KHCO_3$、0.01 g/mL $HAuCl_4$ 和 0.02 g/mL 葡萄糖的混合中，保持 6 小时。之后，取出薄膜，用去离子水冲洗干净，用氮气吹干，完成新型栅格型 AuNP - PDMS 复合薄膜的制备。

7.2.2　栅格型 AuNP - PDMS 复合薄膜的表征

由于栅格形 AuNPs－PDMS 复合薄膜的结构特性，薄膜厚度直接影响复合薄膜的性质，因此对复合薄膜厚度和栅格高度的表征也至关重要。因此，我们采用美国 Tucson 公司的 Dektak XT 型探针式表面轮廓仪对复合薄膜进行表征，设备的参数设置为：扫描速度为 0.05 mm/s，扫描长度为 0.500 mm。

在测试过程中，使表面轮廓仪的探针从玻璃衬底开始扫描，当探针扫描到不同的高度时,会沿着高度做上下运动。探针的上下波动的幅度就反映了 PDMS 厚度的情况。之后,利用表面轮廓仪上的位移传感器可对探针的波动情况进行检测,输出与触针偏离平衡位置的位移成正比的电信号。经相关电路进行放大与相敏整流后,可将位移信号从调幅信号中解调出来,得到放大了的与触针位移成正比的缓慢变化信号。再经噪音滤波器、波度滤波器进一步滤去调制频率、外界干扰信号以及波度等因素对厚度测量的影响。从图 7－3 可以看出,栅格形 AuNPs－PDMS 复合薄膜的厚度约为 20 μm。此外,利用 3D 打印技术,可以通过控制打印速度、打印间距、真空直径和针筒气压来控制栅格形 AuNPs－PDMS 复合薄膜的厚度。与甩胶机制备复合薄膜的方法相比,3D 打印可控参数更多,薄膜的厚度更加容易控制。

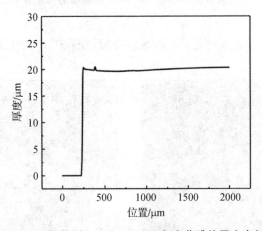

图 7－3 栅格型 AuNP－PDMS 复合薄膜的厚度表征

在栅格高度的测试过程中,使表面轮廓仪的探针从栅格型 AuNP－PDMS 复合薄膜的平面处开始扫描,当探针扫描到栅格时,会沿着栅格的高度做上下运动,从而测量出栅格高度。从图 7－4 可以看出,栅格的高度约为 7 μm。而且栅格的高度也可以通过控制打印速度、针孔直径和针筒气压来控制,还可以通过改变 PDMS 的交联度来改变 PDMS 的黏稠度,从而控制栅格的高度。与传统的微纳加工制备微结构的方法相比,3D 打印技术在操作上更加方便简单,制备成本更低,而且可实现批量化制备,制备的微纳器件一致性和稳定性更好。因此,利用 3D 打印技术制备栅格的方法具有一定的应用前景。

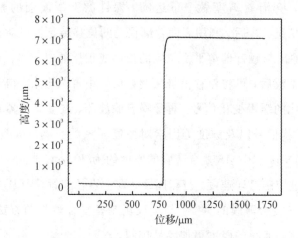

图 7 - 4   新型栅格型 AuNP - PDMS 复合薄膜的栅格高度的表征图

图 7 - 5 为栅格型 AuNP - PDMS 复合薄膜的 SEM 表征图。

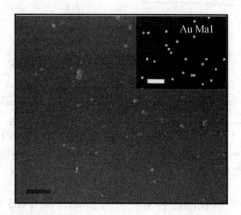

(a) 原位还原后栅格型 AuNP-PDMS复合薄膜

(b) 葡萄糖还原后的栅格型AuNP-PDMS复合
薄膜(插图是栅格型AuNP-PDMS复合薄膜
表面的EDS, 刻度标尺为0.5 μm)

图 7 - 5   栅格型 AuNP - PDMS 复合薄膜的 SEM 表征

(插图是栅格型 AuNP—PDMS 复合薄膜表面的 EDS, 刻度标尺为 0.5 μm)

从图 7 - 5(a)可以看出,原位还原后,在 PDMS 的表面以及栅格的两个侧面将会被还原产生均匀的金种,并嵌入在 PDMS 薄膜中。利用葡萄糖还原液对复合薄膜进行二次还原，使得 PDMS 表面和栅格的侧面形成致密的纳米金层，如图 7 - 5(b)所示。结果显示，利用两步还原法复合 PDMS 和 AuNPs，并不会因为栅格的形成而受到影响。

7.3　栅格型 AuNP - PDMS 复合薄膜表面应力生物传感器的制备

栅格型 AuNP - PDMS 复合薄膜表面应力生物传感器的具体制备步骤如下：

（1）依次使用王水、piranha、丙酮、异丙醇、无水乙醇和去离子水对玻璃器皿进行超声被清洗，去除杂质；最后用氮气吹干。

（2）将 PDMS 单体与固化剂按 10∶1 的质量比进行混合，搅拌均匀后在 −20℃下去除气泡。

（3）使用挤出式 3D 打印机在铝箔纸上打印间隔为 0.2 mm 的 PDMS 线。在打印过程中，选择直径为 4 mm 的针头，并对针筒施加 80 psi 的气压。PDMS 线在室温下保持 10 分钟，使其流动成膜。将 PDMS 薄膜在 70℃固化 4 小时。

（4）使用 3D 打印机将间隔 0.4 mm 的 PDMS 线同样打印在 PDMS 薄膜上，并立即在 120℃温度下加热固化形成栅格。

（5）使用 3D 打印机打印 PDMS 圆环，同样在 120℃温度下加热固化，以便存储各种待测的样品溶液。

（6）将栅格型 PDMS 薄膜浸泡在 10% 的 HNO_3 溶液中，保持浸泡 30 分钟，使 PDMS 薄膜与铝箔纸分离。

（7）将分离的栅格型 PDMS 薄膜在 0.01g/mL 的氯金酸溶液中浸泡 16 小时，之后去除还原液，用去离子水冲洗干净，氮气吹干。

（8）将栅格型 PDMS 薄膜的上下两面均用葡萄糖还原液进行处理。

（9）将导电银胶打印在 PDMS 金层的两侧，作为电极，便于电测测量。

新型栅格型 AuNP - PDMS 复合薄膜表面应力生物传感器的制备过程如图 7 - 6 所示。

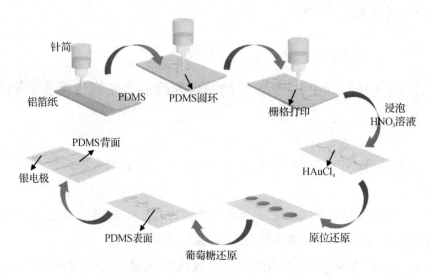

图 7 - 6   栅格型 AuNP - PDMS 复合薄膜表面应力生物传感器的制备过程

使用 3D 打印技术制备栅格型 AuNP - PDMS 复合薄膜表面应力生物传感器阵列,实物图如图 7 - 7(a)所示,从敏感单元的放大图可以看出,在栅格上都已经还原有纳米金层,可以用作生物分子识别。在传感器的背面,为了便于测试,制备了银电极,如图 7 - 7(b)所示。由于 PDMS 薄膜是在被剥离后进行的原位还原,因此在 PDMS 的两个表面均有金种形成,那么通过葡萄糖还原,在 PDMS 的两个表面均可形成纳米金层,使得复合薄膜形成 AuNP - PDMS－AuNP 的夹心结构,如图 7 - 7(c)所示。PDMS 圆环中的纳米金层作为修饰抗体的生物分子敏感层,而对应的 PDMS 的另一侧纳米金层用作转换元件,将表面应力信号转换为电阻变化信息。图 7 - 7(d)为栅格结构的示意图,与 PDMS 平面相比,可以看到敏感单元的表面积明显增加。除了在传感器表面,在栅格上同样可以修饰更多生物敏感材料,从而提高传感器的灵敏度。而且与图 7 - 7(a)光学照片的局部放大图相比可以发现,3D 打印的栅格结构与示意图一致。

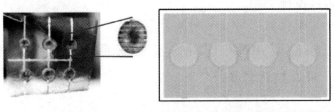

(a) 光学照片　　　　　(b) 传感器的电阻响应层及电极结构俯视图

1. 生物分子敏感层
2. 电阻响应层
3. 栅格

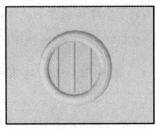

(c) 传感器的横截面示意图　　　　(d)传感器的栅格结构

图 7‐7　新型栅格型 AuNP‐PDMS 复合薄膜表面应力生物传感器及其结构示意图

7.4 栅格型 AuNP‐PDMS 复合薄膜表面应力生物传感器用于 HSA 传感

　　基于新型 AuNP‐PDMS 复合薄膜的表面应力生物传感器已经被应用于牛血清白蛋白的检测，并在肾病的早期诊断和预防中显现出应用前景。与传统的电泳、萃取和磁弹性生物传感器相比，表面应力生物传感器在成本、集成度和可操作性方面显示出了优势。近年来，国内外研究者还设计了一种使用荧光标记的化学生物传感器用于人血清白蛋白（HSA）检测，但这种方法所使用的试剂昂贵，操作过程繁琐，限制了荧光检测技术在人们日常生活中的普遍应用。另外一些研究者还利用 HSA 抗体修饰的银纳米探针为基础，制备了用于 HSA 检测的电化学生物传感器。然而，纳米探针的制备需要进一步简化。因此，本节我们提出新型栅格型 AuNP‐PDMS 复合薄膜表面应力生物传感器用于

HSA 特异性检测。

7.4.1 栅格型 AuNP－PDMS 复合薄膜表面应力生物传感器的 HSA 抗体修饰

利用化学处理法，将 HSA 抗体修饰于新型栅格型 AuNP－PDMS 复合薄膜表面，实现了生物传感器的改性，来实现生物传感器的特异性。

HSA 抗体修饰过程中所使用的化学药品如表 7－2 所示。

表 7－2　HSA 抗体修饰过程中所使用的化学药品

名　称	化学式	纯　度	生产厂家
无水乙醇	C_2H_5OH	分析纯	国药试剂集团有限公司
丙酮	CH_3COCH_3	分析纯	国药试剂集团有限公司
异丙醇	$(CH_3)_2CHOH$	分析纯	国药试剂集团有限公司
半胱氨酸(CYS)	$C_3H_7NO_2S$	≥98.5%	生工生物工程(上海)股份有限公司
人血清白蛋白抗体	Anti-HSA	>85%	上海宸功生物技术有限公司
人血清白蛋白	HSA	>85%	上海宸功生物技术有限公司
EDC	$C_8H_{17}N_3 \cdot HCl$	分析纯	美国 Sigma 公司
NHS	$C_4H_5NO_3$	分析纯	美国 Sigma 公司
牛血清白蛋白	BSA	≥98%	合肥博美生物科技有限责任公司

具体修饰过程如下：

（1）传感器的清洗。将传感器分别浸泡于丙酮、异丙醇、无水乙醇溶液中，在室温下保持 20 分钟；然后用去离子水缓慢冲洗传感器表面，去除残余的无水乙醇，最后用氮气吹干。

（2）用无水乙醇配制 6 mmol/L 的 CYS 溶液。在室温下，将 20 mL 的 CYS 溶液滴加至 PDMS 圆环中，保持 12 小时；取出后，依次用无水乙醇和去离子水冲洗，去除残留的 CYS 溶液，用氮气吹干。

（3）分别配制 5 mmol/L 的 EDC 溶液和 5 mmol/L 的 NHS 溶液，并按体积比为 1∶1 进行混合。在室温下，将传感器浸泡于 EDC/NHS 混合液中活化 1 小时。用去离子水冲洗后用氮气吹干。

（4）在室温下，将 Anti-HSA 溶液滴加至复合薄膜上的 PDMS 圆环中；在 37℃ 的细胞培养箱中保持 3 小时；之后移去剩余的 Anti-HSA 溶液，用去离子水冲洗干净，用氮气吹干。

（5）用浓度为 0.1％ 的 BSA 溶液对传感器敏感单元表面处理 1 小时，以减少非特异性结合位点，提高传感器的特异性。

至此，完成了 Anti-HSA 在生物传感器上的修饰。最后将传感器放置于 4℃ 的冰箱中保存，待用。Anti-HSA 的化学修饰过程如图 7－8 所示。

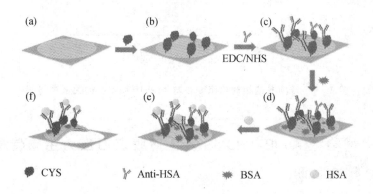

图 7－8　Anti-HSA 修饰过程示意

抗体在传感器上的覆盖率将会直接影响传感器的测试灵敏度。如果抗体覆盖面积大，则捕获的目标生物分子更多，产生的表面应力更大，传感器的相对电阻变化更为明显，灵敏度也更高；反之，如果抗体覆盖面积小，则捕获的目标生物分子变少，产生的表面应力也减小，传感器的相对电阻变化也减小，灵敏度随之降低。所以在抗体修饰过程中，为了保证 Anti-HSA 在敏感单元上的最大覆盖率和传感器的最高灵敏度，还需对抗体的工作浓度进一步的优化。将 10～70 μg/mL 不同浓度的 Anti-HSA 到注入敏感单元上，在 37℃ 温度下保存 3 小时。然后，对传感器的相对电阻变化进行测量，其关系曲线如图 7－9 所示。从图中可以看到，当滴加浓度为 40 $\mu g/mL$ 的 Anti-HSA 后，传感器的相对电阻变化最大。结果表明，40 $\mu g/mL$ 的 Anti-HSA 在敏感单元上的覆盖率最大，被认为是最佳的抗体工作浓度。因此，在传感器的抗体修饰过程中以及传感器的性能评估中，将全部使用 40 $\mu g/mL$ 的 Anti-HSA 对传感器的敏感单元进行表面改性。

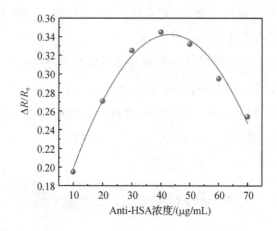

图 7 – 9　传感器的相对电阻变化与 Anti-HSA 浓度的关系曲线图

7.4.2　栅格型 AuNP – PDMS 复合薄膜表面应力生物传感器的 HSA 检测

为了验证基于夹心免疫分析法的新型栅格型 AuNP – PDMS 复合薄膜生物传感器的性能确实被提高，我们对比了基于三明治型 AuNP – PDMS 复合薄膜和栅格型 AuNP – PDMS 复合薄膜的生物传感器的性能。首先，利用三明治型 AuNP – PDMS 复合薄膜合制备生物传感器，并进行 Anti-HSA 的修饰。使用直接测试法对不同浓度的 HSA 进行探测。在此过程中，将不同浓度的 HSA 溶液注射到传感器的敏感单元上，保持 12 分钟，使传感器特异性捕获 HSA，之后用去离子水冲洗去除未被捕获的 HSA。然后，直接测量了生物传感器转换元件上的相对电阻变化，并对测试结果进行线性拟合，如图 7 – 10 所示。可以发现，传感器对 HSA 的响应结果呈线性关系，线性方程可以表示为

$\Delta R/R_0 = 0.0371C_{HSA} + 0.0213$ （$R^2 = 0.9848$）。并通过计算可得传感器对 HSA 的检测极限为 7.399 μg/mL（LOD $= 3\sigma/S$，式中 σ 为基线响应标准差，S 是线性曲线的斜率）。

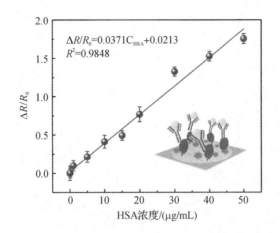

图 7 - 10　基于直接分析法的三明治型 AuNP - PDMS 复合薄膜表面应力生物传感器对 HSA 的响应

接下来，使用新型栅格型 AuNP - PDMS 复合薄膜制备的表面应力生物传感器对不同浓度的 HSA 进行探测。同样，将不同浓度的 HSA 溶液注射到传感器的敏感单元上，保持 12 分钟，使传感器特异性捕获 HSA，之后用去离子水冲洗以去除未被捕获的 HSA。然后直接测量生物传感器转换元件上的相对电阻变化。传感器的相对电阻变化与 HSA 的浓度关系如图 7 - 11 所示。可以发现，采用新型栅格型 AuNP - PDMS 复合薄膜制备的表面应力生物传感器对 HSA 具有线性响应关系，线性方程可以表示为 $\Delta R/R_0 = 0.0801C_{HSA} + 0.0021$（$R^2 = 0.9977$）。计算得出基于新型栅格型 AuNP - PDMS 复合薄膜的表面应力生物传感器对 HSA 的检测极限为 0.608 μg/mL。与基于三明治型 AuNP - PDMS 复合薄膜的表面应力生物传感器相比，基于新型栅格型 AuNP - PDMS 复合薄膜的表面应力生物传感器的检测极限降低了一个数量级，灵敏度明显提升。这是因为 AuNP - PDMS 复合薄膜上的栅格起到了关键作用：由于栅格的存在，敏感单元除了 PDMS 的表面，还有栅格的侧面，这就让敏感单元的表面积增加，抗体不仅可以被修饰在 PDMS 表面，栅格的侧面同样被修饰有抗体，这样就使得更多的 HSA 被特异性捕获在传感器上，从而产生更大的表面应力。在此基础上，敏感单元的形变更加明显，传感器的相对电阻变化也就更大，从而提高了传感器的灵敏度，降低了检测极限。

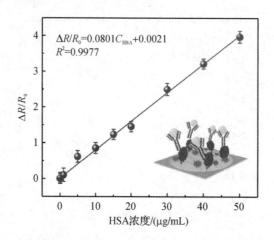

$$\Delta R/R_0 = 0.0801 C_{HSA} + 0.0021$$
$$R^2 = 0.9977$$

图 7 – 11　基于直接分析法的新型栅格型 AuNP – PDMS 复合薄膜表面应力生物传感器对 HSA 的响应

为了进一步提高表面应力生物传感器的灵敏度，在新型栅格型 AuNP – PDMS 复合薄膜表面应力生物传感器基础上，还可以引进夹心免疫分析法。在直接分析法的基础上，待传感器充分捕获 HSA 并清洗干净后，将 30 $\mu g/mL$ 的 Anti-HSA 作为二级抗体注射到敏感单元上，在 37℃ 的环境中保持 20 分钟后去除残余溶液，最终在敏感单元表面形成 Anti-HSA-HSA-Anti-HSA 的夹心结构。然后，测量新型栅格型 AuNP – PDMS 复合薄膜表面应力生物传感器的相对电阻变化，如图 7 – 12 所示。可以发现，传感器的相对电阻变化随 HSA 浓度的增加而线性增加，可以计算出新型栅格型 AuNP – PDMS 复合薄膜表面应力生物传感器结合夹心免疫分析法对 HSA 的检测极限为 0.0206 $\mu g/mL$。与直接分析法相比，传感器的检测极限再次降低了一个数量级；与三明治型 AuNP – PDMS 复合薄膜表面应力生物传感器相比，其检测极限更是低了两个数量级（见表 7 – 3）。这是因为二级抗体与 HSA 发生第二次特异性结合，放大了敏感单元上的表面应力，新型栅格型 AuNP – PDMS 复合薄膜形变增大。因此，新型栅格型 AuNP－PDMS 复合薄膜表面应力生物传感器结合夹心免疫分析法显示出更高的性能。之后我们将每个 HSA 浓度均用同批次制备的不同传感器检测了 6 次，结果显示传感器的误差范围是可控的，表明新型栅格型 AuNP－PDMS 复合薄膜表面应力生物传感器结合夹心免疫分析法检测 HSA 的方法具有高重复性。

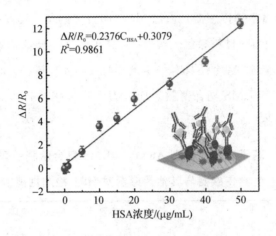

图 7－12　基于夹心免疫分析法的新型栅格型 AuNP－PDMS 复合薄膜表面应力生物传感器对 HSA 的响应

表 7－3　基于三明治型 AuNP－PDMS 复合薄膜和栅格型 AuNP－PDMS 复合薄膜的表面应力生物传感器的性能对比

复合薄膜	检测方法	特异性	检测极限/(μg/mL)
三明治型	直接分析法	特异性检测	7.399
栅格型	直接分析法	特异性检测	0.608
栅格型	夹心分析法	特异性检测	0.0206

表 7－4 对比了基于新型栅格型 AuNP－PDMS 复合薄膜的表面应力生物传感器与其他传感器对 HSA 的检测性能。与电化学免疫生物传感器和表面等离子体共振生物传感器相比，基于夹心免疫分析法的新型栅格型 AuNP－PDMS 复合薄膜表面应力生物传感器在 HSA 检测中具有更低的检测极限和更

高的灵敏度[77-79]。虽然这种传感器比色荧光化学传感器在检测极限上稍占优势，但是其需要菁染料标记。与无标识检测方法相比，无疑增加了测试的成本和操作的困难度[80]。此外，基于夹心免疫分析法的新型栅格型 AuNP–PDMS 复合薄膜表面应力生物传感器的设计主要针对低浓度生物分子的检测，这也是与其他生物传感器相比所具有的优势。更重要的是新型栅格型 AuNP–PDMS 复合薄膜表面应力生物传感器是通过 3D 打印技术制备，其方法更加方便、成本更低、重复性更好，材料绿色无污染。而其他生物传感器的敏感材料制备方法复杂，制备成本高，甚至还具有一定的毒性。因此，基于夹心免疫分析的新型栅格型 AuNP–PDMS 复合薄膜表面应力生物传感器有望成为一种高灵敏度的生物检测设备。

表 7-4　基于新型栅格型 AuNP–PDMS 复合薄膜的表面应力生物传感器与其他传感器对 HSA 检测性能的比较

材　料	方　法	检测范围 /(μg/mL)	检测极限 /(μg/mL)	标识性	参考文献
H-and J-aggregates	比色荧光化学传感器	20～400	0.02	菁染料标签	[80]
PS/Ag/ab–HSA 纳米探针	电化学免疫传感器	30～300	30	无标识	[77]
PEG–Cibacron Blue F3GA	表面等离子体共振生物传感器	10～100	4	无标识	[78]
纳米金胶体和 PVA	电化学免疫传感器	2.5～200	0.025	无标识	[79]
新型栅格型 AuNP–PDMS 复合薄膜	基于夹心免疫分析法的表面应力生物传感器	0.05～50	0.0206	无标识	本节

7.4.3　栅格型 AuNP–PDMS 复合薄膜表面应力生物传感器检测 HSA 的特异性和选择性

为了研究新型栅格型 AuNP–PDMS 复合薄膜的表面应力生物传感器的

特异性，我们采用夹心免疫分析法，在室温下用传感器分别测试了浓度为 20 μg/mL 的 HSA、BSA、血红蛋白、免疫球蛋白 G(IgG)、多肽、胶原蛋白、卵清蛋白、DNA 和葡萄糖溶液，测试结果如图 7－13 所示。从图中可以看出，HSA 对传感器产生的电阻变化明显高于 BSA、血红蛋白、IgG、多肽、胶原蛋白、卵清蛋白、DNA 和葡萄糖对传感器引起的电阻变化，并且每种生物分子均用同批次制备的生物传感器测试 6 次，所得结果一致，这表明传感器在 HSA 检测中表现出良好的特异性。此外，在对 BSA、血红蛋白、IgG、多肽、胶原蛋白、卵清蛋白、DNA 和葡萄糖进行夹心免疫分析法检测时，HSA 二级抗体并未对传感器造成明显的电阻变化。只有在 HSA 被传感器特异性捕获后，HSA 的二级抗体对传感器的电阻变化才起作用，同样证明了夹心免疫分析法具有放大检测信号的效果。

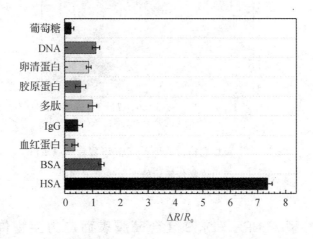

图 7－13　新型栅格型 AuNP－PDMS 复合薄膜表面应力生物传感器的特异性

为了评价新型栅格型 AuNP－PDMS 复合薄膜的表面应力生物传感器的选择性，预先配制 10 种不同生物分子的混合溶液样品，其中包括 HSA、BSA、血红蛋白、IgG、多肽、胶原蛋白、卵清蛋白、DNA 和葡萄糖，并分别用"1"代表纯 HSA；"2"代表 HSA 和 IgG 的混合物；"3"代表 HSA 和 IgG 的混合物；"4"代表 HSA 和葡萄糖的混合物；"5"代表 HSA、BSA 和胶原蛋白的混合物；"6"代表 HSA、IgG、BSA、葡萄糖和胶原蛋白的混合物；"7"代表 HSA、

DNA、血红蛋白和多肽的混合物；"8"代表 BSA 与胶原的混合物；"9"代表 IgG、BSA、葡萄糖和胶原的混合物；"10"代表 DNA、血红蛋白和多肽的混合物。采用新型栅格型 AuNP‐PDMS 复合薄膜的表面应力生物传感器，在室温下通过夹心免疫分析法检测 10 种样品，如图 7‐14 所示。从图中可以看出，含 HSA 样品对传感器产生的相对电阻变化与纯 HSA 造成的相对电阻变化相似，而不含 HSA 的样品对传感器造成的相对电阻变化则非常小。结果表明，新型栅格型 AuNP‐PDMS 复合薄膜的表面应力生物传感器对 HSA 检测具有很高的选择性。

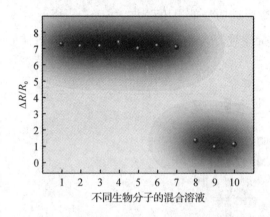

图 7‐14　新型栅格型 AuNP‐PDMS 复合薄膜表面
应力生物传感器的选择性测试结果

7.4.4　栅格型 AuNP‐PDMS 复合薄膜表面应力生物传感器检测 HSA 的稳定性

为了评价新型栅格型 AuNP‐PDMS 复合薄膜的表面应力生物传感器检测 HSA 的稳定性，在相同条件下制备了 10 个新型栅格型 AuNP‐PDMS 复合薄膜的表面应力生物传感器，并同时进行 Anti‐HSA 的修饰，之后在 4℃温度下保存待用。传感器稳定性是指传感器使用一段时间后，其性能保持不变化的能力。在室温下，通过夹心免疫分析法，使用一个传感器每天对 30 μg/mL 的 HSA 进行检测，共检测 10 天。我们知道影响传感器长期稳定性的因素除传感器本身结构外,还有传感器的使用环境。要使传感器具有良好的稳定性,传感器必须要有较强的环境适应能力。在 10 天内,观察传感器的稳定性可以在一定程度上确定传感器的环境适应能力。传感器对 HSA 的响应结果如图 7 - 15 所示。从图中可以看出,10 个传感器的相对电阻变化的波动范围是可控的,相对标准差计算为 7.4%,表明新型栅格型 AuNP - PDMS 复合薄膜的表面应力生物传感器具有较高的稳定性,对环境的适应能力也较强,在生物分析过程中误差较小。

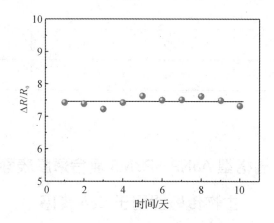

图 7 - 15　新型栅格型 AuNP - PDMS 复合薄膜表面应力生物传感器的稳定性测试结果

7.4.5　栅格型 AuNP - PDMS 复合薄膜表面应力生物传感器的实际样品检测

为验证新型栅格型 AuNP - PDMS 复合薄膜表面应力生物传感器检测复杂样品的可靠性,我们采用夹心免疫分析法,在室温下对含有不同浓度的 HSA 的合成尿液进行定量检测。通过将不同浓度的 HSA 稀释到合成尿液中制备样品。制备的生物传感器的性能如表 7 - 5 所示。我们发现新型栅格型 AuNP - PDMS 复合薄膜表面应力生物传感器的恢复率在 92.1%~105.4% 之间波动,表明新型栅格型 AuNP - PDMS 复合薄膜表面应力生物传感器在复杂样品中检测 HSA 具有较高的可靠性。

表 7-5　　合成尿中 HSA 浓度的测定

样　品	HSA 浓度/(μg/mL)	基于夹心免疫分析法的新型栅格型 AuNP-PDMS 复合薄膜表面应力生物传感器		
		测量值/(μg/mL)	恢复率/%	标准差 (5)/(μg/mL)
1	5	5.27	105.4	0.17
2	10	10.23	102.3	0.24
3	25	24.40	97.6	0.38
4	30	29.85	99.5	0.51
5	40	36.84	92.1	0.76

7.5　栅格型 AuNP-PDMS 复合薄膜表面应力生物传感器用于 CEA 传感

随着蛋白质组学的发展，血清肿瘤标志物如癌胚抗原(CEA)、甲胎蛋白、CA125、CA19-9 和细胞角蛋白 19 片段，已被广泛用作癌症人群的疾病筛查工具。尤其是 CEA 是一种广泛用于胃肠癌、乳腺癌和肺癌诊断的肿瘤标志物。健康人的血清中，CEA 的平均浓度低于 5 ng/mL。如果 CEA 浓度超出这个范围，则表明可能存在疾病风险。目前，基于抗原-抗体特异性结合，来实现 CEA 免疫测定。这种方法通过比色法、荧光法、化学发光法、电化学方法和表面增强拉曼散射(SERS)来对血清中的 CEA 浓度进行量化。然而，传统的荧光检测方法，如酶联免疫吸附试验(ELISA)，光学背景较大，灵敏度较低；放射免疫分析法有潜在的安全隐患，需要特殊的废物处理；基于拉曼散射的检测方法，在结果读取与结果再现上存在一定的不足之处。因此，在临床水平上，一种经济有效、简便、灵敏度高、特异性强的 CEA 检测方法对早期诊断和治疗至关重要。新型栅格型 AuNP – PDMS 复合薄膜表面应力生物传感器在 HSA 检测中已经被证明具有高灵敏度和低检测极限，而在 CEA 的检测中也表现出一定潜能。

7.5.1 栅格型 AuNP – PDMS 复合薄膜表面应力生物传感器的 CEA 抗体修饰

CEA 抗体修饰过程中所使用的化学药品如表 7 – 6 所示。

表 7 – 6 CEA 抗体修饰过程中所使用的化学药品

名 称	化学式	纯 度	生产厂家
无水乙醇	C_2H_5OH	分析纯	国药试剂集团有限公司
丙酮	CH_3COCH_3	分析纯	国药试剂集团有限公司
异丙醇	$(CH_3)_2CHOH$	分析纯	国药试剂集团有限公司
半胱氨酸(CYS)	$C_3H_7NO_2S$	≥98.5%	生工生物工程(上海)股份有限公司
癌胚抗原抗体	Anti-CEA	>85%	生工生物工程(上海)股份有限公司
癌胚抗原	CEA	>85%	生工生物工程(上海)股份有限公司
EDC	$C_8H_{17}N_3 \cdot HCl$	分析纯	美国 Sigma 公司
NHS	$C_4H_5NO_3$	分析纯	美国 Sigma 公司
牛血清白蛋白	BSA	≥98%	合肥博美生物科技有限责任公司

具体修饰过程如下：

（1）将新型栅格型 AuNP – PDMS 复合薄膜表面应力生物传感器分别浸泡于丙酮、异丙醇、无水乙醇溶液中超声清洗 20 分钟，后用去离子水清洗干净。

（2）将 20 mL 浓度为 40 mmol/L 的 CYS 溶液滴加至传感器敏感单元表面，保持 12 小时后，去除残留的 CYS 溶液，去离子水清洗干净。

（3）将 10 mg/mL 的 EDC 溶液和 10 mg/mL 的 NHS 溶液按体积比为 1∶1 进行混合，在 37℃ 环境中对传感器的敏感单元活化 1 小时。

（4）在室温下，将 Anti-CEA 溶液滴加至敏感单元上保持 3 小时；之后移去剩余的 Anti-CEA 溶液，用去离子水冲洗干净，用氮气吹干。

（5）用浓度为 0.1% 的 BSA 溶液对传感器敏感单元表面处理 1 小时，以减少非特异性结合位点，提高传感器的特异性。

至此，完成 Anti-CEA 在生物传感器上的修饰。最后将传感器放置于 4℃ 的冰箱中保存待用。Anti-CEA 的化学修饰过程如图 7-16 所示。

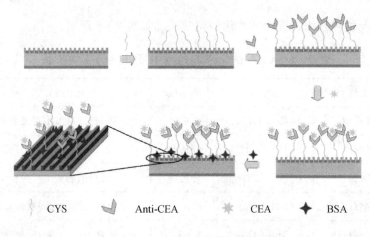

　　　　{ CYS　　　∨ Anti-CEA　　　✳ CEA　　　◆ BSA

图 7-16　Anti-CEA 修饰过程示意图

7.5.2　栅格型 AuNP-PDMS 复合薄膜表面应力生物传感器检测 CEA

在室温下，将不同浓度的 CEA 溶液滴加至 CEA 抗体修饰的新型栅格型 AuNP-PDMS 复合薄膜表面应力生物传感器上，10 分钟后清洗去除缓冲液，将 Anti-CEA 作为二级抗体注射到敏感单元上，在 37℃ 的环境中保持 10 分钟后去除残余溶液，并对传感器的电阻变化进行测量，结果如图 7-17 所示。测试结果显示，CEA 浓度升高，传感器电阻变化随之变大，并呈现出线性关系，线性区间为 0~50 ng/mL。对曲线进行拟合，得到线性表达式为 $\Delta R/R_0 = 0.0801C_{CEA} + 0.0738(R^2 = 0.9727)$。在相同条件下，用传感器将每个浓度的 BSA 溶液分别检测 10 次，其 RSD 小于 5.12%。结果表明，传感器具有良好的重复性。通过计算得出新型栅格型 AuNP‑PDMS 复合薄膜表面应力生物传感器对 CEA 分子的检测极限为 0.412 ng/mL。

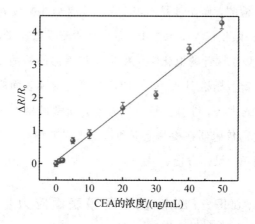

图 7‑17　传感器对不同浓度的 CEA 的响应结果

表 7‑7 对比了新型栅格型 AuNP‑PDMS 复合薄膜表面应力生物传感器与其他传感器对 CEA 的检测性能。

表 7‑7　基于栅格型 AuNP‑PDMS 复合薄膜的表面应力生物传感器与其他传感器对 CEA 检测性能的比较

材　料	方　法	检测范围 /(ng/mL)	检测极限 /(ng/mL)	标识性	参考文献
单链 DNA 偶联的金纳米粒子	荧光共振能量转移（FRET）传感器	0.05～2.0	0.02	荧光标记	[81]
金纳米颗粒	等离子共振	1～60	1	无标识	[82]
适体探针	电化学免疫传感器	0～500	0.5	无标识	[83]
金电极探针	电化学免疫传感器	5.0～40	3.4	无标识	[84]
新型栅格型 AuNP‑PDMS 复合薄膜	基于夹心免疫分析法的表面应力生物传感器	0～50	0.412	无标识	本节

基于单链 DNA 偶联的金纳米粒子的荧光共振能量转移（FRET）传感器的检测极限最低，为 0.02 ng/mL。但是，其检测范围在 0.05～2.0 ng/mL，而健

康人血清中的 CEA 浓度在 2.0～5.0 ng/mL，故该检测方法并不适用于通过检测人血清中 CEA 的浓度来诊断癌症。此外，该方法还需进行荧光检测，通过荧光猝灭实现分子检测，操作过程比较复杂。等离子共振检测技术虽然检测范围较宽，但是检测极限仅仅为 1 ng/mL，而且其检测设备昂贵，成本较高。基于适体探针和金纳米颗粒探针的电化学免疫生物传感器的检测极限为 0.5 ng/mL 和 3.4 ng/mL，与新型栅格型 AuNP - PDMS 复合薄膜表面应力生物传感器相比，均表现出一定的劣势。综合比较可以发现，新型栅格型 AuNP - PDMS 复合薄膜表面应力生物传感器在检测范围和检测极限上均有一定的优势，并且该传感器制备方法简单、操作方便。

7.5.3 栅格型 AuNP - PDMS 复合薄膜表面应力生物传感器检测 CEA 的特异性和选择性

为了研究新型栅格型 AuNP - PDMS 复合薄膜的表面应力生物传感器的特异性，采用夹心免疫分析法，在室温下用传感器分别测试了浓度为 10 ng/mL 的 CEA、甲胎蛋白、谷胱甘肽、HSA、血红蛋白和 DNA，结果如图 7 - 18(a)所示。从图中可以看出，CEA 对传感器产生的电阻变化明显高于甲胎蛋白、谷胱甘肽、HSA、血红蛋白和 DNA 对传感器引起的电阻变化，表明生物传感器对 CEA 具有良好的特异性。为了评价新型栅格型 AuNP - PDMS 复合薄膜的表面应力生物传感器的选择性，我们预先配制了不同生物分子的混合溶液样品，使用"1"表示 CEA；"2"表示 CEA 与 DNA 的混合液；"3"表示 CEA、DNA 与 HSA 的混合液；"4"表示 CEA、DNA、HSA 与甲胎蛋白的混合液；"5"表示 DNA 与甲胎蛋白的混合液；"6"表示 DNA 与 HSA 的混合液。用新型栅格型 AuNP - PDMS 复合薄膜的表面应力生物传感器，在室温下通过夹心免疫分析法检测 6 种样品，结果如图 7 - 18(b)所示。从图中可以看出，含 CEA 样品对传感器产生的相对电阻变化与纯 CEA 造成的相对电阻变化相似。相比之下，不含 CEA 的样品对传感器造成的相对电阻变化则非常小。结果表明，新型栅格型 AuNP - PDMS 复合薄膜的表面应力生物传感器对 CEA 检测具有很高的选择性。

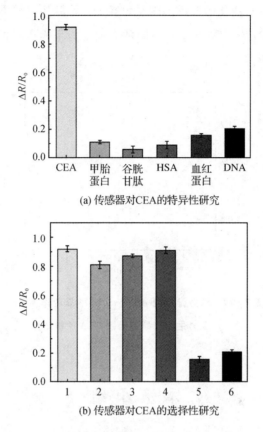

图 7－18 新型栅格型 **AuNP－PDMS** 复合薄膜表面应力
生物传感器检测 **CEA** 的特异性和选择性

7.5.4 栅格型 AuNP－PDMS 复合薄膜表面应力生物传感器检测 CEA 的稳定性

为了评价新型栅格型 AuNP－PDMS 复合薄膜的表面应力生物传感器的稳定性，我们在相同条件下制备了 7 个新型栅格型 AuNP－PDMS 复合薄膜的表面应力生物传感器，并同时进行 Anti-HSA 的修饰，之后在 4℃ 温度下保存待用。在室温下，使用传感器对 10 ng/mL 的 CEA 进行检测，为期一周。在一周的时间内，传感器对 HSA 的响应结果如图 7－19 所示。从图中可以看出，7

个传感器的相对电阻变化的波动范围是可控的，计算相对标准差为 6.9%，表明新型栅格型 AuNP-PDMS 复合薄膜的表面应力生物传感器在 CEA 检测中具有较高的稳定性。

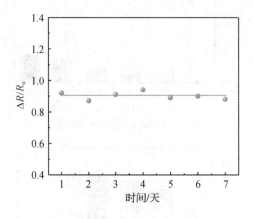

图 7-19　新型栅格型 AuNP-PDMS 复合薄膜表面
应力生物传感器检测 CEA 的稳定性

本 章 小 结

本章介绍了基于 3D 打印技术的新型栅格型 AuNP-PDMS 复合薄膜的制备方法和表征结果，介绍了新型栅格型 AuNP-PDMS 复合薄膜表面应力生物传感器的 3D 打印制备方法，以及相关抗体的修饰技术，实现传感器对生物分子的高灵敏度、低检测极限的探测。本章主要内容总结如下：

（1）利用 3D 打印技术，实现栅格的打印，并通过两步还原法，实现新型栅格型 AuNP-PDMS 复合薄膜的制备。在此基础上设计了表面应力生物传感器，通过栅格增加敏感单元表面积，提高了表面应力生物传感器的性能。

（2）利用新型栅格型 AuNP-PDMS 复合薄膜表面应力传感器，实现对 HSA 的高灵敏度检测。结果显示，基于夹心免疫分析法的新型栅格型 AuNP-PDMS 复合薄膜表面应力传感器对 HSA 的检测极限明显降低，为 0.0206 $\mu g/mL$，同时表现出良好的特异性、选择性和稳定性。

（3）利用新型栅格型 AuNP – PDMS 复合薄膜表面应力传感器，实现对 CEA 的高灵敏度检测。结果显示，新型栅格型 AuNP – PDMS 复合薄膜表面应力传感器对 CEA 的响应结果呈线性关系，检测极限明显降低，为 0.412 ng/mL，同样也表现出良好的特异性、选择性和稳定性。

第七章　图片资源

参考文献

[1] ARANGO GUTIERREZ E. How to engineer glucose oxidase for mediated electron transfer. Biotechnol Bioeng, 2018, 115(10): 2405 – 2415.

[2] GY X. Electrochemical detection of carcinoembryonic antigen. Biosens Bioelectron, 2018, 102: 610 – 616.

[3] SCHARYNER J. An ATR-FTIR sensor unraveling the drug intervention of methylene blue, congo red, and berberine on human tau and Aβ. ACS Med Chem Lett, 2017, 8(7): 710 – 714.

[4] LI L. A nanostructured conductive hydrogels-based biosensor platform for human metabolite detection. Nano Lett, 2015, 15(2): 1146 – 1151.

[5] CHANG L. A novel fluorescent turn-on biosensor based on QDs @ GSH-GO fluorescence resonance energy transfer for sensitive glutathione S-transferase sensing and cellular imaging. Nanoscale, 2017, 9(11): 3881 – 3888.

[6] WU S. Aptamer-based fluorescence biosensor for chloramphenicol determination using upconversion nanoparticles. Food Control, 2015, 50: 597 – 604.

[7] GUO Y. Label-free and highly sensitive electrochemical detection of E. coli based on rolling circle amplifications coupled peroxidase-mimicking DNAzyme amplification. Biosens Bioelectron, 2016, 75: 315 – 319.

[8] HORIKAWA S. Direct detection of bacterial pathogens on fresh fruits and vegetables [C] // 2018 IEEE Sensor. IEEE, 2018: 1 – 3.

[9] YAMASHITA T. A novel open-type biosensor for the in-situ monitoring of biochemical oxygen demand in an aerobic environment. Sci Rep-UK, 2016, 6: 38552.

[10] ZHANG J. Low-cost and highly efficient DNA biosensor for heavy metal ion using specific DNAzyme-modified microplate and portable glucometer-based detection mode. Biosens Bioelectron, 2015, 68: 232 – 238.

[11] YU D. Toxicity detection in water containing heavy metal ions with a self-powered microbial fuel cell-based biosensor. Talanta, 2017, 168: 210 – 216.

[12] BIDM ANOVA S. Fluorescence-based biosensor for monitoring of environmental

pollutants: from concept to field application. Biosens Bioelectron, 2016, 84: 97 - 105.

[13] ELTZOV E. Bioluminescent liquid light guide pad biosensor for indoor air toxicity monitoring. Anal Chem, 2015, 87(7): 3655 - 3661.

[14] CHEN X. Label-free detection of liver cancer cells by aptamer-based microcantilever biosensor. Biosens Bioelectron, 2016, 79: 353 - 358.

[15] SANG S, ZHAO Y, ZHANG W, et al. Surface stress-based biosensors. Biosens Bioelectron, 2014, 51: 124 - 135.

[16] JI H F. Microcantilever biosensors based on conformational change of proteins. Analyst, 2008, 133(4): 434 - 443.

[17] TSEKENIS G. Heavy metal ion detection using a capacitive micromechanicalbiosensor array for environmental monitoring. Sensor Actuat B-Chem, 2017, 239: 962 - 969.

[18] JIAN A. A PDMS surface stress biosensor with optimized micro-membrane: Fabrication and application. Sensor Actuat B-Chem, 2017, 242: 969 - 976.

[19] ZHAO R. Trace level detections of abrin with high SNR piezoresistive cantilever biosensor. Sensor Actuat B-Chem, 2015, 212: 112 - 119.

[20] IMAMURA G. Smell identification of spices using nanomechanical membrane-type surface stress sensors. Jap J Appl Phys, 2016, 55(11): 1102B3

[21] TAKAHASHI K. Surface stress sensor using MEMS-based Fabry-Perot interferometer for label-free biosensing. Sensor Actuat B-Chem, 2013, 188(11):393 - 399.

[22] OSICA I. Nanomechanical Recognition and Discrimination of Volatile Molecules by Au Nanocages Deposited on Membrane-Type Surface Stress Sensors. ACS Appl Nano Mater. 2020, 3, 4061 - 4068.

[23] YOSHIKAWA G. Nanomechanical Membrane-type Surface Stress Sensor. Nano Lett, 2011, 11(3):1044 - 1048.

[24] YOSHIKAWA G. Double-side-coated nanomechanical membrane-type surface stress sensor (MSS) for one-chip-one-channel setup. Langmuir, 2013, 29(24):7551 - 7556.

[25] DUNKLIN J R. Asymmetric reduction of gold nanoparticles into thermoplasmonic polydimethylsiloxane thin films. ACS Appl Mater Inter, 2013, 5(17): 8457 - 8466.

[26] SCARANO S. Tunable growth of gold nanostructures at a PDMS surface to obtain

plasmon rulers with enhanced optical features. Microchim Acta, 2017, 184 (9):
3093 – 3102.

[27] SCOTT A. A simple water—based synthesis of Au nanoparticle/PDMS Composites
for water purification and targeted drug release. Macromol Chem Phys, 2010, 211
(15): 1640 – 1647.

[28] PARK S. Transparent and flexible surface-enhanced Raman scattering (SERS)
sensors based on gold nanostar arrays embedded in silicon rubber film. ACS Appl
Mater Inter, 2017, 9(50): 44088 – 44095.

[29] ZHANG L. Reversible strain-dependent properties of wrinkled Au/PDMS surface.
Mater Lett, 2018, 218: 317 – 320.

[30] LIM M C. Facile preparation of gold-coated polydimethylsiloxane particles by in situ
reduction without pre-synthesized seed. Colloid Surface A, 2017, 529: 916 – 921.

[31] YAN L. Thermostable gold nanoparticle-doped silicone elastomer for optical
materials. Colloid Surface A, 2017, 518: 151 – 157.

[32] SADABADI H. Integration of gold nanoparticles in PDMS microfluidics for lab-on-a-
chip plasmonic biosensing of growth hormones. Biosens Bioelectron, 2013, 44:
77 – 84.

[33] ZHANG Q. In-situ synthesis of poly(dimethylsiloxane)-gold nanoparticles composite
films and its application in microfluidic systems. Lab on a Chip, 2008, 8:352 – 357.

[34] ZHAO W. Selective Detection of Hypertoxic Organophosphates Pesticides via PDMS
Composite based Acetylcholinesterase-Inhibition Biosensor. Environ Sci Technol,
2009, 43(17):6724 – 9.

[35] FANG Z. Electrochemical immunosensor for simultaneous detection of dual cardiac
markers based on a poly(dimethylsiloxane)-gold nanoparticles composite microfluidic
chip: a proof of principle. Clin Chem, 2010(11):1701 – 1707.

[36] PASCHOAL A R. Fabrication of patterned small blocks of nanogold-loaded PDMS
and its potential as reproducible SERS substrate. Mater Lett, 2019, 255(15):126557.
1 – 126557. 4.

[37] DUAN N. A SERS aptasensor for simultaneous multiple pathogens detection using
gold decorated PDMS substrate. Spectrochimi Acta A, 2020, 230:118103.

[38] HO M D. Fractal Gold Nanoframework for Highly Stretchable Transparent Strain-Insensitive Conductors. Nano Lett. 2018, 18, 3593 – 3599.

[39] MINATI L. Gold nanoparticles 1D array as mechanochromic strain sensor. Mater Chem Phys, 2017, 192: 94 – 99.

[40] YANG Y J. In situ synthesis of gold nanocrystal-embedded poly (dimethylsiloxane) films with nanostructured surface patterns. Microelectron Eng, 2017, 179: 1 – 6.

[41] DURDAKOVA T M. Swelling and plasticization of PDMS and PTMSP in methanol and dimethyl carbonate vapors and liquids: Volume, mechanical properties, Raman spectra. Polymer, 2020, 188: 122140.

[42] ESTEVES A C C. Influence of cross-linker concentration on the cross-linking of PDMS and the network structures formed. Polymer, 2009, 50(16): 3955 – 3966.

[43] LIAO M. Living synthesis of silicone polymers controlled by humidity. Eur Polym J, 2018, 107: 287 – 293.

[44] MOSKALENKO Y E. Chemically synthesized and cross-linked PDMS as versatile alignment medium for organic compounds. Chem Commun, 2017, 53(1): 95 – 98.

[45] PLUCHERY O. Gold nanoparticles on functionalized silicon substrate under coulomb blockade regime: an experimental and theoretical investigation. J Phys Chem B, 2018, 122(2): 897 – 903.

[46] EISENSTEIN J P. Quantum hall spin diode. Phys Rev Lett, 2017, 118 (18): 186801.

[47] GONG S. Electron tunnelling and hopping effects on the temperature coefficient of resistance of carbon nanotube/polymer nanocomposites. Phys Chem Chem Phys, 2017, 19(7): 5113 – 5120.

[48] ADAMO C. Toward reliable density functional methods without adjustable parameters: The PBE0 model. J Chem Phys, 1999, 110(13): 6158 – 6170.

[49] SON D I. Bistable organic memory device with gold nanoparticles embedded in a conducting poly (N-vinylcarbazole) colloids hybrid. J Phys Chem C, 2011, 115(5): 2341 – 2348.

[50] DARIEL M C. Gold nanoparticles: assembly, supramolecular chemistry, quantum-size-related properties, and applications toward biology, catalysis, and

nanotechnology. Chem Rev, 2004, 104(1): 293 - 346.

[51] OSICA I. Nanomechanical recognition and discrimination of volatile molecules by Au nanocages deposited on membrane-type surface stress sensors. ACS Appl. Nano Mater, 2020, 3:4061 - 4068.

[52] SANG S. PDMS micro-membrane capacitance-type surface stress biosensors for biomedical analyses. Microelectron Eng, 2015, 134: 33 - 37.

[53] SANG S. Portable microsystem integrates multifunctional dielectrophoresis manipulations and a surface stress biosensor to detect red blood cells for hemolytic anemia. Sci Rep-UK, 2016, 6: 33626.

[54] SANG S. Portable surface stress biosensor test system based on ZigBee technology for health care. Biotechnol Biotec Eq, 2015, 29(4): 798 - 804.

[55] MOULIN A M. Measuring surface-induced conformational changes in proteins. Langmuir, 1999, 15(26): 8776 - 8779.

[56] KUIJPERS A J. Cross-linking and characterisation of gelatin matrices for biomedical applications. J Biomater Sci-Polym E, 2000, 11(3): 225 - 243.

[57] ZHANG J. An anti E. coli O157: H7 antibody-immobilized microcantilever for the detection of Escherichia coli (E. coli). Anal Sci, 2004, 20(4): 585 - 587.

[58] WANG J. Rapid detection of pathogenic bacteria and screening of phage-derived peptides using microcantilevers. Anal Chem, 2014, 86(3): 1671 - 1678.

[59] TAYLOR A D. Comparison of E. coli O157: H7 preparation methods used for detection with surface plasmon resonance sensor. Sensorn Actuat B-Chem, 2005, 107 (1): 202 - 208.

[60] THAKUR B. Rapid detection of single E. coli bacteria using a graphene-based field-effect transistor device. Biosens Bioelectron, 2018, 110: 16 - 22.

[61] YANG D. Reproducible E. coli detection based on label-free SERS and mapping. Talanta, 2016, 146: 457 - 463.

[62] 殷涌光. 利用胶体金复合抗体提高 SPR 生物传感器的微生物检测精度. 吉林大学学报, 2005, 35(04):446 - 450.

[63] YU Q. Semisynthetic sensor proteins enable metabolic assays at the point of care. Science, 2018, 361: 1122 - 1126.

[64] LIANG Y. Wafer-Scale Uniform Carbon Nanotube Transistors for Ultrasensitive and Label-Free Detection of Disease Biomarkers. ACS Nano, 2020, doi: 10. 1021/ja511373g.

[65] LUO S. A new method for fabricating a CuO/TiO$_2$ nanotube arrays electrode and its application as a sensitive nonenzymatic glucose sensor. Talanta, 2011, 86: 157 – 163.

[66] ZHOU Y. Direct electrochemistry and reagentless biosensing of glucose oxidase immobilized on chitosan wrapped single-walled carbon nanotubes. Talanta, 2008, 76 (2): 419 – 423.

[67] WANG L. Probes based on diketopyrrolopyrrole and anthracenone conjugates with aggregation-induced emission characteristics for pH and BSA sensing. Sensor Actuat B-Chem, 2015, 221: 155 – 166.

[68] BABU E. A selective, long-lived deep-red emissive ruthenium（II）polypyridine complexes for the detection of BSA. Spectrochim Acta Part A, 2014, 130: 553 – 560.

[69] LI H. Interaction of Cy3 dye with CCG and its application for BSA detection. J Mater Chem B, 2013, 1(5): 693 – 697.

[70] ZHANG D. Protein detecting with smartphone-controlled electrochemical impedance spectroscopy for point-of-care applications. Sensor Actuat B-Chem, 2016, 222: 994 – 1002.

[71] NGUYEN H B, et al. Graphene patterned polyaniline-based biosensor for glucose detection. Adv Nat Sci-Nanosci, 2012, 3(2): 025011.

[72] WANG X. Silicon-based nanochannel glucose sensor. Appl Phys Lett, 2008, 92 (1): 013903.

[73] http://www. elecfans. com/article/88/142/2017/20171203592267. html.

[74] GOU S Z. 3D Printed Stretchable Tactile Sensors. Adv Mater, 2017, 29（27）: 1701218.

[75] https://www. xianjichina. com/special/detail_387738. html.

[76] PEI Z. A high gauge-factor wearable strain sensor array via 3D printed mold fabrication and size optimization of silver-coated carbon nanotubes. 2020, 30（31）: 305501.

[77] SHAIKH M O. Electrochemical immunosensor utilizing electrodeposited Au

nanocrystals and dielectrophoretically trapped PS/Ag/ab-HSA nanoprobes for detection of microalbuminuria at point of care. Biosens Bioelectron, 2019, 126: 572 – 580.

[78] OMIDFAR K. Development of urinary albumin immunosensor based on colloidal AuNP and PVA. Biosens. Bioelectron. 2011, 26 (10): 4177 – 4183.

[79] LIU J T. Surface plasmon resonance biosensor for microalbumin detection. J. Taiwan Inst. Chem. Eng. 2011, 42 (5): 696 – 700.

[80] SUN H. A colorimetric and fluorometric dual-modal supramolecular chemosensor and its application for HSA detection. Analyst, 2014, 139(3): 581 – 584.

[81] LI X. An ultrasensitive fluorescence aptasensor for carcino-embryonic antigen detection based on fluorescence resonance energy transfer from upconversion phosphors to Au nanoparticles. Analytic Methods, 2018, 10(13): 1552 – 1559.

[82] LI R. Sensitive detection of carcinoembryonic antigen using surface plasmon resonance biosensor with gold nanoparticles signal amplification. Talanta, 2015, 140: 143 – 149.

[83] WANG Q L. A label-free and lectin-based sandwich aptasensor for detection of carcinoembryonic antigen. Sensor Actuat B-Chem, 2018, 260: 48 – 54.

[84] LIU C. A simple regenerable electrochemical aptasensor for the parallel and continuous detection of biomarkers. Rsc Advances, 2016, 6(63): 58469 – 58476.